杰出青少年
行动计划全书

邢群麟 编著

光明日报出版社

图书在版编目（CIP）数据

杰出青少年行动计划全书/邢群麟编著.--北京：光明日报出版社，2011.6（2025.1重印）
ISBN 978-7-5112-1115-6

Ⅰ.①杰… Ⅱ.①邢… Ⅲ.①成功心理—青年读物②成功心理—少年读物
Ⅳ.① B848.4-49

中国国家版本馆 CIP 数据核字 (2011) 第 066128 号

杰出青少年行动计划全书

JIECHE QINGSHAONIAN XINGDONG JIHUA QUANSHU

编　　著：邢群麟

责任编辑：温　梦　　　　　　　　　责任校对：张荣华
封面设计：玥婷设计　　　　　　　　封面印制：曹　净

出版发行：光明日报出版社

地　　址：北京市西城区永安路 106 号，100050

电　　话：010-63169890（咨询），010-63131930（邮购）

传　　真：010-63131930

网　　址：http://book.gmw.cn

E - mail：gmrbcbs@gmw.cn

法律顾问：北京市兰台律师事务所龚柳方律师

印　刷：三河市嵩川印刷有限公司

装　订：三河市嵩川印刷有限公司

本书如有破损、缺页、装订错误，请与本社联系调换，电话：010-63131930

开　本：170mm×240mm

字　数：175 千字　　　　　　　　　印　张：13

版　次：2011 年 6 月第 1 版　　　　　印　次：2025 年 1 月第 4 次印刷

书　号：ISBN 978-7-5112-1115-6

定　价：45.00 元

前言

当今社会是一个变化纷呈、充满竞争的社会，是一个造就杰出者、成功者的年代！

放眼四周，无数有志青少年，他们满腔热血、激情四射、意气风发。他们怀揣着种种瑰丽的梦想、抱负，不甘平庸，渴求杰出！

杰出，词典上的释义为：才能或者成就突出。其实，每一位青少年的身上，都有具备成为杰出人物的元素和潜质。

青少年朋友，你必定是美丽的：乌黑的发，红润的面，灵巧的手，健壮的身，澎湃的血，激昂的心。正如李大钊所歌唱的那样："青春者，人生之王，人生之春，人生之华也。"

青少年朋友，你必定是崭新的：纯净的心灵，无限的憧憬，美妙的幻想，亮丽的人生。正如毛泽东所赞颂的那样："你们好像早晨八九点钟的太阳，希望寄托在你们身上。"

青少年朋友，你必定是勇敢的：大胆的思想、不羁的精神、冒险的尝试、叛逆的计划。正如但丁所呼唤的那样："走自己的路，让别人去说吧！"

然而，青少年朋友，你又必定是迷惘的：学业的重压、人际的困惑、社会的复杂。你是否经常叩问自己：我要成为谁？我要做什么？我要去哪里……

那么，亲爱的青少年，如何摆脱彷徨的缠缚，走出人生的迷途呢？

为了卸下这样的茫然、解答这样的疑问，我们精心打造并真诚奉献出这本——《杰出青少年行动计划全书》。

曾有一位杰出人士说："一个人的幸运，不是因为手中拿到了一副好牌，而是因为知道用最好的方法把牌打出去。"其实，我们每个人的手里都有一副"好牌"，成败只在于我们自己的行动。

凡事预则立，不预则废，行动离不开计划。一个没有优秀计划的行动，只可能导致误入歧途、南辕北辙的结尾。

本书精心撷取古今中外众多杰出人物的成功之道，从梦想、自立、习惯、风度、才艺、心态、思维、学习、健康、口才、人际、生存、工作、创业、情感等诸多层面，阐述了他们的行动计划。从中，青少年朋友不仅可以细细品味、欣赏波澜起伏、趣味盎然的故事，而且能够真切地触摸到杰出人物之所以成功的经验、奥秘。

人的一生是一次旅程，一次没有彩排也不能重复的旅程。哲人说：人生是丰富的。诗人说：人生是美丽的。可是，在我们短暂的生命历程中，同样交织着矛盾和痛苦，遍布着荆棘与坎坷。渺小或伟大，贫瘠或丰富，失意或快乐……全靠我们自己来想象、设计、创造、书写。

求知——思考——行动，我们只有真实地行走在生命的旅途上，才会真正享受到人生的乐趣。

愿青少年朋友在阅读本书后，能设计出适合自身的行动计划，一步步跻身于杰出者之列，成就生命的辉煌！

目录

■把握梦想的罗盘——规划人生目标

理想如辰星——我们永不能触到，但我们可像航海者一样，借星光的位置而航行。

■像雄鹰一样翱翔——培养独立精神

滴自己的汗，吃自己的饭，自己的事自己干。靠人靠天靠祖上，不算是好汉。

■ 构建美丽的人生——养成良好习惯

习惯形成性格，性格决定命运。

■ 我自有精彩之处——培养才艺技能

才华是刀刃，辛苦是磨刀石，很锋利的刀刃，若日久不用磨，也会生锈，成为废物。

■ 滋润心灵的花园——拥有良好心态

事情的好坏取决于我们如何看待它们。

■引爆杰出的头脑——开掘思维潜能

思维世界的发展，在某种意义上说，就是对惊奇的不断摆脱。

■让口才价值百万——增值语言资本

一言之辩，重于九鼎之宝；三寸之舌，强于百万之师。

■为未来储蓄能量——热爱校园生涯

学习不仅是明智，它也是自由。知识比任何东西更能给人自由。

■树立科学理财观——正确对待金钱

如果你把金钱当成上帝，它便会像魔鬼一样折磨你。

■来，大胆试一次——尝试行动计划

勇气是人类最重要的一种特质，倘若有了勇气，人类其他的特质自然也就具备了。

■时刻为人生充电——树立学习观念

对于聪明人和有素养的人来说，求知欲是随着年龄的增长而变得更加强烈的。

把握梦想的罗盘——规划人生目标

理想如辰星——我们永不能触到，但我们可像航海者一样，借星光的位置而航行。

——史立兹

给自己定一个终生目标

我宁可做人类中有梦想和有完成梦想的愿望的、最渺小的人，而不愿做一个最伟大的、无梦想、无愿望的人。

——纪伯伦

志存高远，执着追求，是一切成功者的共同特征。

放眼古今中外，无数杰出人士都具有远大的终生目标。汉司马迁一生著《史记》，"欲究天人之际，成一家之言"；鲁迅"横眉冷对千夫指，俯首甘为孺子牛"，用一支笔为同胞呐喊终生。

毛泽东、周恩来从青年时代起，就具有强烈的爱国意识，以天下兴亡为己任，为中华之崛起而读书，立志为中华民族的独立富强奋斗终生。他们同一批优秀的共产党人一起，高举爱国主义旗帜，领导中国人民推翻三座大山，打败日本侵略者，建立了真正由人民当家做主的、独立自由的新中国，终于实现了百余年来无数革命先烈和志士仁人梦寐以求的目标。新中国成立后，他们率领中国人民奋发图强，艰苦奋斗，顶住了国际反动势力的军事干涉和经济封锁，维护了国家主权和民族尊严，捍卫了国家的领土完整。他们以光辉实践，谱写了中华民族历史上爱国主义史诗中最为灿烂的篇章。

有一年，一群踌躇满志、意气风发的天之骄子从哈佛大学毕业了，他们的智力、学历、环境条件都相差无几。临出校门，哈佛对他们进行了一次关于人生目标的调查。结果是这样的：

27%的人，没有目标；60%的人，目标模糊；10%的人，有清晰但比较短期的目标；3%的人，有清晰而长远的目标。

25年后，哈佛再次对这群学生进行了跟踪调查。结果是这样的：

3%的人，25年间他们朝着一个方向不懈努力，几乎都成为社会各界的成功之士，其中不乏行业领袖、社会精英；

10%的人，他们的短期目标不断实现，成为各个领域中的专业人士，大都生活在社会的中上层；

60%的人，他们安稳地生活与工作，但都没有什么特别的成绩，几乎都生活在社会的中下层；

剩下的27%的人，他们的生活没有目标，过得很不如意，并且常常在埋怨他人、抱怨社会、抱怨这个"不肯给他们机会"的世界。

其实，他们之间的差别仅仅在于25年前，他们中的一些人知道自己的人生目标，而另外一些人则不清楚或不很清楚。

在生命中没有一个目标的人，很容易受到一些微不足道的诸如忧虑、恐惧、烦恼和自怜等情绪的困扰。所有这些情绪都是软弱的表现，都将导致无法回避的过错、失败、不幸和失落。因为在一个权力扩张的世界里，软弱是不可能保护自己的。

一个人应该在心中树立一个目标，然后着手去实现它。他应该把这一目标作为自己思想的中心。这一目标可能是一种精神理想，也可能是一种世俗的追求，这当然取决于他此时的本性。但无论是哪一种目标，他都应将自己思想的力量全部集中于他为自己设定的目标上面。他应把自己的目标当做至高无上的任务，应该全身心地为它的实现而奋斗，而不允许他的思想因为一些短暂的幻想、渴望和想象而迷路。

终生目标应该是一个人终生所追求的固定的目标，生活中其他的一切事情都围绕着它而存在。

为了找到或找回你人生的主要目标，青少年朋友可以问自己几个问题，比如：

我想在我的一生中成就何种事业？

临终之时回顾往事，一生中最让我感到满足的是什么？

在我的日常生活中哪一类的成功最使我产生成就感？

我最热爱的工作是什么？

如果把它作为自己终生的事业，怎样做到在有利于自己的同时，也对别人有帮助？

我有哪些特殊的才能和禀赋？

我周围有些什么资源可以帮助我实现自己的目标？

除此以外，我还需要什么才能实现自己的目标？

有没有什么职业是我内心觉得有一种声音在驱使我去做的，而且它同时也会让我在物质上获得成功？

阻碍我实现自己目标的因素又有哪些？

我为什么没有现在去行动，而是仍然在观望？

要行动，那么，第一步该做什么？

青少年朋友们，认真、慎重地思考上述问题，你会发现，它对寻找、定位自己的远大目标，将有切实的帮助。

努力找到我们的终生目标吧，它是人生永远不会枯竭的原动力。

以名人为榜样，激发远大理想

世界上最快乐的事，莫过于为理想而奋斗。

——苏格拉底

以名人为榜样，其中蕴含的力量是无穷的。它能向你展示什么是可能的，为你提供极有价值的动机、力量和希望的源泉。

不少青少年常常会因为读了一篇令其感动不已的文章而想长大了当作家；因听了某人的英雄事迹而有了自己的理想，有的想当解放军，有的想当飞行员、当明星、当运动员……当你产生这些朦胧的想法时，不要轻易否定，要激励自己积极向上的雄心壮志。随着年龄的增长，根据自己不同优势的显现，再把自己逐渐引向适当的方向，树立远大理想。

名人，通常指的是在某领域为社会、为人类做出贡献的人。在人类历史上，涌现出许多对社会生产力、社会文明起着巨大推动作用的政治家、思想家、科学家、文学家、艺术家，尽管这些名人的生活背景不同，性格特点各异，他们的成功也不乏客观条件，但起决定作用的是主观因素，这就是他们都具有崇高的志向、坚定的信念、拼搏的精神、顽强的毅力……他们辉煌的业绩，不仅赢得当代人的敬重，鼓舞人们建功立业，强国富民，还受到后世的敬仰，激励后来人发扬传统精神，把历史推向前进！要当名人就需学名人，事实上，许多人就是在效法名人中成为名人的。

少年孙中山最爱听人讲太平天国革命的故事。清朝统治者的狰狞面目，太平天国的英雄形象，深深地刻印在孙中山幼小的心灵里。他称赞洪秀全是反清第一英雄，自命是洪秀全第二。后来，孙中山离开家乡，到檀香山、广州、香港等地读书，开始接触到西学。他特别爱读华盛顿、林肯等资产阶级革命家的传记，从而对欧美民族民主革命家推崇敬仰，并产生了效法的念头。

后来，他领导的辛亥革命，推翻了中国延续2000多年的封建君主专制统治，缔造了中国乃至亚洲历史上第一个资产阶级民主共和国——中华民国。孙中山的英名，家喻户晓。

著名影星阿诺德·施瓦辛格少年时在健美杂志上发现了自己的榜样——里格·帕克。在健美界，里格是当时最强壮的人，阿诺德梦想着自己也能拥有像里格那样发达的肌肉。阿诺德尽可能地学习里格的所有东西，包括他的训练手段、饮食和生活方式。阿诺德知道里格的事情越多，模仿的也就越多，也就越认识到自己也能像里格那样成为健美明星。最终，他成功了！

名人，如路标，如灯塔，如指南针，时刻给我们力量、希望。

张海迪、海伦·凯勒身残志坚，陈景润、华罗庚刻苦自学，居里夫人投身事业，贝多芬、奥斯特洛夫斯基与命运抗争……这些名人的事例，使青少年深受感动和鼓舞。

2003 年，杨利伟成了我们国家航天事业中的英雄，随着媒体的宣传，使他家喻户晓。很多青少年发出这样的感叹："长大了，我也要像杨叔叔那样飞上太空。"这是他们的理想，这是榜样的力量。然而，又有许多青少年心中缺少理想，心中失去了阳光，心灵世界一片黑暗，表现出厌世的消极态度。

曾经有一个苦闷的高中一年级的孩子在给报纸写的一篇稿子中说："从小我就拼命做老师和家长眼中的好孩子——听话、用功读书。但是上了中学以后，我就不愿做父母、老师眼中的'好孩子'了，因为那无非是个木偶，我想成为真正的自己。如今，我已经上高中了，可是人越大越茫然，不知道生活的目标，我不懂我到底为了什么而学习。"他又说："毛泽东青少年时期便'身无分文，心忧天下'，周恩来12岁立下'为中华之崛起而读书'的雄心壮志，我太需要一份动力了，一份为了自己的目标而抛弃一切、静心苦读的动力。"

那么，青少年朋友如何以名人为榜样呢？

1. 平时，我们可以多读名人传记，这些撼人心灵的故事、成长的历程，具有良好的启发和鼓舞作用，有助于我们激发出积极向上的精神，树立自己的人生目标。

2. 我们还可以建立一个自己的"榜样资料库"。首先选择一个或多个能够真正激发你的名人。也许他们的梦想和你自己的梦想极其相似，也许他们遇到的障碍也是你最惧怕和担心出现的。尽可能多地学习他们怎样在艰难状况下保持前进的步伐，以及他们是怎样战胜艰难险阻才实现梦想的。找一些这些人的照片，把它们挂在你常常静静地自我反省的地方。

3. 经常摘抄、背诵名人名言，为自己鼓劲。

每天都知道下一步要做什么

人生如同故事，重要的并不在有多长，而是在有多好。

——塞涅卡

古人说："千里之行，始于足下。"我们青少年在设定终生目标后，应该将目标分成几个可以实现的小目标，然后为每一步小目标规定切实可行的期限，这样，从一开始我们就能看到成功，有利于自信心的不断提高。这有点类似于远征，通过一步一步地走，一段一段地走，最终到达目的地。每走完一段路，离目标更近，自信心也就更强。

我们每一天都应问自己：

现在在人生之中算是一个什么样的时期，是不是符合发展目标；每天都在做什么，得到的是不是现在最想要的或是最应该得到的？明天应该做什么，下一步应该做什么，要为完成目标准备些什么？手里的东西是否可以放下，是否真的愿意……

几十年前，一个在贫民窟里长大的、身体瘦弱的穷小子，却在日记里立志长大后要做美国总统。但如何能实现这样宏伟的抱负呢？年纪轻轻的他，经过几天几夜的思索，拟定了这样一系列的连锁目标：

做美国总统首先要做美国州长，要竞选州长必须得到有雄厚的财力后盾的支持，要获得财团的支持就一定得融入财团，要融入财团就最好娶一位豪门千金，要娶一位豪门千金必须成为名人，成为名人的快速方法就是做电影明星，做电影明星的前提需要练好身体、练出阳刚之气。

按照这样的思路，他开始一步步地走下去。一天，当他看到著名的体操运动主席库尔后，他相信练健美是强身健体的好点子，因而萌生了练健美的兴趣。他开始刻苦而持之以恒地练习健美，他渴望成为世界上最结实的壮汉。3年后，借着发达的肌肉，一身雕塑似的体魄，他开始成为健美先生。

在以后的几年中，他囊括了欧洲、世界、奥林匹克的健美先生。在22岁时，他踏入了美国好莱坞。在好莱坞，他花费了10年，利用在体育方面的成就，一心去表现坚强不屈、百折不挠的硬汉形象。终于，他在演艺界声名鹊起。当他的电影事业如日中天时，女友的家庭在他们相恋9年后，也终于接纳了这位"黑脸庄稼人"。他的女友就是赫赫有名的肯尼迪总统的侄女。

婚姻生活恩爱地过去了十几个春秋。他与太太生育了4个孩子，建立了一个"五好"的典型家庭。2003年，年逾57岁的他，告老退出了影坛，转为从政，成功地竞选成为美国加州州长。

他就是阿诺德·施瓦辛格。

如同施瓦辛格一样，渴望杰出的青少年每天都应知道下一步要做什么。

你需要有一个详细的个人发展计划。这个计划可以是一个1年的计划，也可以是一个2年、5年的计划。不管是属于何种时间范围的计划，它至少应该能够回答如下问题：

1. 我要在未来 1 年、2 年或 5 年内实现什么样的一些职业或个人的具体目标？

2. 我要在未来 1 年、2 年或 5 年内挣到多少钱或达到何种程度的挣钱能力？

3. 我要在未来 1 年、2 年或 5 年内有什么样的一种生活方式？

著名的潜能开发专家安东尼·罗宾曾提出如下建议，相信对我们会大有裨益：

好好计划每一天的生活。你希望和谁在一起呢？你要做什么？你要如何开始这一天？你要朝哪一个方向？你要得到什么样的结果？希望你从起床开始，一直到上床，全天都有妥当的计划。

青少年朋友，别忘了，你所有的结果与行为都来自内心的构思，因此就照你所期望的方式，好好计划你的每一天吧！

扬长避短，找到自己的"音符"

人的长处，才是一种真正的机会。

——杜拉克

许多时候，我们艳羡他人的成功，常认为自己"比别人笨"、"我哪是成才的料"、"像他一样出名太难了"。其实，尺有所短，寸有所长，人的兴趣、才能、素质也是不同的。如果你不了解这一点，没能把自己的所长利用起来，你所从事的行业需要的素质和才能正是你所缺乏的，那么，你将会自我埋没。反之，如果你有自知之明，善于设计自己，从事你最擅长的工作，你就会获得成功。

这方面的例子实在是太多了：

达尔文学数学、医学呆头呆脑，一摸到动植物却灵光焕发。

阿西莫夫一直在努力成为一个自然科学家。一天上午，他坐在打字机前打字的时候，突然意识到："我不能成为一个第一流的科学家，却能够成为一个第一流的科普作家。"于是，他几乎把全部精力放在科普创作上，终于成为当代世界最著名的科普作家。

伦琴原来学的是工程科学，他在老师孔特的影响下，做了一些物理实验，逐渐体会到，这就是最适合自己干的行业，后来果然成了一个有成就的物理学家。

而生物学家珍妮·古多尔同样也是一位非常善于自我定位的人，她清楚地知道，自己并没有过人的才智，但在研究野生动物方面，她有超人的毅力、浓厚的兴趣，而这正是干这一行所需要的。所以她没有去攻数学、物理学，而是深入非洲森林里考察黑猩猩，终于成了一个有成就的科学家。

一位专家指出，通向成功的道路有许多条，在不同领域不同行业，人们取得成功所需要的才能和智慧是不一样的。几乎每个青少年都有自己擅长的一种或几种才能。

有的青少年很有逻辑、数学天分，他们喜欢并擅长计数、运算，思维很有条理，经常向家长或老师提问题，追问为什么，并愿意通过阅读或动手实验寻找答案。如果他们的好奇心能得以满足，那么他们很可能在理科学习和研究上取得好成绩。

有的青少年很有语言天分，他们说话早，对语音、文字的意思很有兴趣，喜欢听故事、讲故事，喜欢绕口令和猜谜等语言游戏，喜欢读书和听别人读书，他们很可能成为成功的作家。

有的青少年擅长人际交往，他们比较容易理解他人的感受，能够和各类人相处，在各种情况下都能恰当地表达自己，经常充当团体的领袖人物，他们比较容易在政治、教育、管理或社会活动等领域取得成功。

有的青少年表现出空间天分，他们的视觉似乎特别发达，喜欢把事物视觉化，即把文字或语音信息转变为图画或三维形象，可能在绘画、摄影、建筑或服装设计、造型艺术等方面表现出兴趣和特长。

有的青少年表现出音乐天分，他们的听觉特别发达，很小就表现出对音准和声音变化的高度敏感，并能迅速而准确地模仿声调、节奏和旋律。

有的青少年表现出身体运动天分，他们能很好地协调肌肉运动，体态和举止优美而恰当，他们通常在体育运动、机械、戏剧和其他操作工作中有杰出表现，很容易成为优秀的演员、舞蹈家、运动员、机械师和外科医生。

成功学家通过研究发现，人类有400多种优势。这些优势本身的数量并不重要，最重要的是你应该知道自己的优势是什么，短项是什么，之后要做的则是敢于放弃短项，将你的生活、工作和事业发展都转向你的优势，这样你就会容易成功。

尽管其路径各异，但成功者都有一个共同点，就是"扬长避短"。传统上我们强调弥补缺点，纠正不足，并以此来定义"进步"。而事实上，当人们把精力和时间用于弥补短项时，就无暇顾及增强长项发挥优势了；更何况任何人的欠缺都比才干多得多，而且大部分的欠缺是无法弥补的。

所以，每一个青少年都应该努力根据自己的特长来设计自己、量力而行。根据自己的环境、条件、才能、素质、兴趣等，确定前进方向。做一个杰出者不仅要善于观察世界，善于观察事物，也要善于观察自己，了解自己。

像凸透镜一样聚焦全部能量

把你所有的蛋放在一个篮子里，然后看住这个篮子，不要让任何一个蛋掉出来。

——卡内基（钢铁大王）

曾有一位苦恼的青年对昆虫学家法布尔说："我爱科学，也爱文学，对音乐、美术也十分感兴趣。我把全部时间、精力都用上了，却收效甚微。"法布尔微笑着从口袋里掏出一块放大镜说："把你的精力集中到一个焦点上试试，就像这块凸透镜一样！"

一个人的精力和时间本来是很有限的，在这种情况下，如果选不准目标，到处乱闯，几年的时间会一晃而过。如果想取得突破性的进展，就该像打靶一样，迅速瞄准目标；像激光一样，把精力聚于一束。一个人只要"咬定青山不放松"，长期专注于某一事业，他通常就能成为这方面的专家、成功者。

法国的博物学家拉马克，是兄弟姐妹11人中最小的一个，最受父母宠爱。他的父亲希望他长大后当牧师，送他到神学院读书。可他却爱上了气象学，想当个气象学家，整天仰首望着多变的天空；没多久他又在银行里找到了工作，想当个金融家；后来他又爱上了音乐，整天拉小提琴，想成为一个音乐家；这时，他的一位哥哥劝他当医生，于是他又学医4年。

9

　　一天，拉马克在植物园散步时，遇到了法国著名的思想家、哲学家、文学家卢梭。受卢梭的影响，"朝三暮四"的拉马克，固定了自己的奋斗目标，他用26年的时间，系统地研究了植物学，写出了名著《法国植物志》。后来，他又用35年的时间研究了动物学，成为一位著名的博物学家。

　　世界上许多伟大事业的成就者都是一些资质平平的人，而不是那些表面看起来出类拔萃、多才多艺的人。为什么会出现这种情况呢？其实，在我们的生活中可以处处见到这种情况，一些年轻人取得了远远超出他们实际能力的成就。很多人对此疑惑不解：为什么那些看上去智力不及我们一半、在学校里排名末尾的学生却获得了巨大的成功，并在人生的旅途中把我们远远地抛在了后面呢？其实，那些看起来智力平庸的人，往往能够专注于某一领域、某一事业，并长期耕耘不辍，最终实现了自己的目标；而那些所谓的智力超群、才华横溢的人，总是喜欢毫无目地四处游荡，等到蓦然回首时，仍旧一无所有。

　　文学大师歌德曾这样劝告他的学生："一个人不能骑两匹马，骑上这匹，就要丢掉那匹，聪明人会把凡是分散精力的要求置之度外，只专心致志地去学一门，学一门就要把它学好。"鲁迅也说："若专门搞一门，写小说写十年，做诗做十年，学画画学十年，总有成功的。"

　　纵览古今中外，凡杰出者，无一不是"聚焦"成功的。法布尔为了观察昆虫的习性，常达到废寝忘食的地步。有一天，他大清早就伏在一块石头旁。几个村妇早晨去摘葡萄时看见法布尔，到黄昏收工时，她们仍然看到他伏在那儿，她们实在不明白："他花一天工夫，怎么就只看着一块石头，简直中了邪！"其实，为了观察昆虫的习性，法布尔不知花去了多少个日日夜夜。数学家陈景润数十年如一日地研究"哥德巴赫猜想"。清代著名画家郑板桥，作画50余年，始终"咬定青山不放松"，专画兰竹，不画他物，终于成为擅画兰竹的高手。还有徐悲鸿擅画马，齐白石擅画虾，黄胄擅画驴，而古人唐伯虎拿手的则是仕女画。画猫专家曹今奇，从8岁起学画，专画猫，他画的猫曾在中国内地首屈一指，连许多国外商人也向他高价订购"猫画"。如果他们想行行拿状元，恐怕只能是白白浪费时间。

　　那么，青少年朋友怎么才能培养专注的习惯，克服"今天想干这个，明天想干那个"的朝三暮四的毛病呢？以下几点建议可供借鉴：

　　1.找到真正的兴趣所在。兴趣，是推动学习的重要内在动机，往往决定一个人的一生道路。有了兴趣，我们就能废寝忘食，全神贯注。

　　2.不要因一时不出成果而动摇。许多人一心想有所成就，这种心情是可以理解的。但过于急切地盼望成功，则容易走向反面。

3. 不要为别人的某些成功所诱惑。干事业，最忌见异思迁，而造成见异思迁的原因有很多，其中一个原因就是为别人的某些成功所动。正确的做法是认准自己的目标，执着地追求。

4. 不要怕艰辛，要舍得吃苦。有些人对爱因斯坦在物理学领域的杰出贡献羡慕不已，却很少琢磨他床下几麻袋的演算稿纸；有些人对 NBA 球员的声誉津津乐道，却很少去想他们每人究竟洒下了多少汗水。因此，千万不要光羡慕别人的成果，要准备下些苦功夫才行。

5. 控制自己的情绪、心态。应学会尽量少受外界干扰，即便受了干扰，也要及时"收回脑子"，这也是锻炼专注力的一个重要方面。

许下一个愿望，用行动去实现

单是说不行，要紧的是做。

——鲁迅

有一个很落魄的青年人，每隔三两天就到教堂祈祷，而他的祷告词几乎每次都相同。

第一次，他来到教堂跪在圣坛前，虔诚地低语："上帝啊，请念在我多年敬畏您的份上，让我中一次彩票吧！"

几天后，他又垂头丧气地回到教堂，同样跪着祈祷："上帝啊，为何不让我中彩呢？请您让我中一次彩票吧！"又过了几天，他再次去教堂，同样重复他的祈祷。如此周而复始，不间断地祈求着，直到最后一次，他跪着说："我的上帝，为何您听不到我的祈求？让我中彩票吧！只要一次就够了……"就在这时，圣坛上突然发出了一个洪亮的声音："我一直在垂听你的祷告，可是，最起码你也应该先去买一张彩票吧！"

这个故事告诉我们：一旦有了梦想，就必须用行动去实现梦想。如果有梦想而没有努力，有愿望而不能拿出力量来实现愿望，这是不足以成事的。

只有下定决心，历经学习、奋斗、成长这些不断的行动，才有资格摘下成功的甜美果实。

而大多数的人，在开始时都拥有很远大的梦想，只是他们从未采取行动去实现这些梦想，缺乏决心与实际行动的梦想于是开始萎缩，种种消极与不可能的思想衍生，甚至于就此不敢再存任何梦想，过着随遇而安、乐天知命的平庸生活。

这也是为何成功者总是占少数的原因。

英国前首相本杰明·笛斯瑞利曾指出，虽然行动不一定能带来令人满意的结果，但不采取行动就绝无满意的结果可言。

因此，如果你想取得成功，就必须先从行动开始。一个人的行为影响他的态度，行动能带来回馈和成就感，也能带来喜悦。

天下最可悲的一句话就是："我当时真应该那么做，但我却没有那么做。"经常会听到有人说："如果我当年就开始那笔生意，早就发财了！"一个好创意胎死腹中，真的会叫人叹息不已，永远不能忘怀。如果真的彻底施行，当然就有可能带来无限的满足。

青少年朋友，你现在已经有一个好愿望、想到一个好创意了吗？如果有，马上行动。

将一个愿望真正地落实到行动上，应遵循以下原则：

1. 做好各种准备工作，考察愿望是否切实可行。

2. 制定每年、每月、每日的行动步骤表，按计划去做。

3. 安排好行动计划的轻重缓急、先后次序。

4. 行动方案应明晰化、细致化，这样落实起来，才能到位，才能更有效率。

像雄鹰一样翱翔——培养独立精神

滴自己的汗，吃自己的饭，自己的事自己干。靠人靠天靠祖上，不算是好汉。

——陶行知

干些家务活

我们世界上最美好的东西，都是由劳动、由人的聪明的手创造出来的。

——高尔基

生活中，一些青少年很少干家务活，甚至连最基本的生活自理能力都没有。他们早起不叠被子，床上、桌上乱七八糟，不会洗衣，不会做饭、烧菜，光是吃现成的，穿现成的，很少主动擦（扫）地，打水，收拾屋子……养成了一种"小皇帝"、"少爷"、"小姐"的习气。他们常常理直气壮地说：现在的任务是专心念书，上大学，家务劳动那些生活琐事，干不干无关紧要。

其实，正如古人所说："一屋不扫，何以扫天下？"干家务活虽是小事，但做些力所能及的家务活，对青少年的责任感、适应能力、生存能力、良好习惯的培养都起着潜移默化的作用。

英国前首相撒切尔夫人每天都会为丈夫和家人准备早餐，这不仅不耽误政事,不为人耻笑,反而赢得了人们的赞誉。

青少年多干些家务活,有许多益处:

首先,可以提高自己的独立生活能力。要想获得生活上的自立、自理能力,最好的办法就是和父母分担家务劳动。

其次,可以培养良好的意志品质,培养克服困难的精神。这对于今后的学习和工作都是十分有益的。

再次,可以培养关心他人的品质,促进家庭和睦。

另外,干家务活有利于开发智力,促进智能的提高,有助于创造力和实际操作能力的发展。

1995年11月8日出版的《中华家教》中有一篇文章说:

由于家务劳动是人类生活所必需的,因此世界各国都很重视对青少年的家务劳动教育和训练。在日本,学校开设了学习家务劳动的课程,让学生学会洗衣、缝补、做饭这些基本的家务劳动技能。德国100年来一直要求孩子必须帮助父母劳动,布鲁尔市法院根据传统曾通过一项法律,规定不足6岁的儿童可以只玩耍,不承担家务劳动;6～10岁要帮助父母洗器皿,收拾住宅,去商店买东西;10～14岁要在花园干活,刷鞋,擦鞋;14～16岁时要擦汽车,到花园翻土;16～18岁时,每星期要对住宅进行一次大扫除。

生活中,家务活范围很广,包括扫地、抹桌子、拖地、叠被子、整理房间、做饭、买菜、洗衣服等。我们怎样才能使自己乐于干家务活呢?

首先,要端正对做家务的认识。我们对做家务有几种认识:一种认为做家务是父母的事,我们不必做家务;第二种认为我们的主要任务是学习,做家务会影响学习,所以做家务不是我们的事;第三种认为做家务太平凡,没出息,要做就做大事,不做小事。这几种认识都是错误的,错就错在对做家务的重要意义认识不足。

做家务是对家庭的一种贡献,一种责任。一个从小就没有这种奉献精神和责任的人,将会对社会和国家做出什么贡献,尽到什么责任?做家务看起来是小事,实际上小事里包含着大事,连一点点小事都不肯去做,怎么可能把大事做好呢?

只有端正了对做家务的认识,才有可能愿意去做、乐意去做家务。

其次,掌握一些做家务的方法,掌握一些生活小窍门,对青少年朋友大有好处的。

生活要自理

为了成功地生活，少年人必须学习自立，铲除埋伏各处的障碍。家庭要教养他，使他具有为人所认可的独立人格。

——戴尔·卡耐基

自理，是青少年成人、成才和自身发展的需要，是面向未来的重要素质，也是迈向成熟的第一步。

有一年，根据中国青少年研究中心"中国城市独生子女人格发展状况调查"显示，20.4%的青少年明确表示"缺少生活自理能力"；18.3%的青少年"做事依赖别人"；28%的青少年"很少帮助家长干活"。

试想，温室中的鲜花，能经得住社会、人生风雨的考验和打击吗？

曾有一篇报道说，某机构组织了一次中日小学生联合夏令营，中国学生的自理能力表现得很差。相应的，意志力、抗压力也令人担忧。

2006年6月17日，1600多名北京考生在北京四中参加了香港大学的英语笔试。考前10分钟，不少考生竟然找不到考场，还有不少考生忘带考试证件。负责北京考点的香港大学中国事务处的范冠豪认为，部分考生过于依赖家长和老师，自理能力太差。

对我们青少年朋友而言，将来面对的竞争，绝不仅仅是知识和智能的较量，而是综合能力的较量，没有自理的能力，你将在起跑线上就满盘皆输。因此，从小培养自己的自理能力，是每个杰出青少年必须具备的素质要求。

在加拿大，青少年朋友为了锻炼自理生存的本领，很多人都有制定严格的时间表的习惯。一位少年曾经自豪地说："我每天早晨很早就要出门送报纸，无论刮风下雨都要去送，从来没有耽误过！"

加拿大的高中生还必须每学期做30个小时的义工，一分钟都不能少。自理的概念并不仅仅要求自己照顾自己，还要自己规划自己，自己锻炼自己。

在德国，青少年从不让家长代替自己做力所能及的事情，否则就被当做是一种耻辱。法律还规定，到14岁就要在家里承担一些义务，比如要替全家人擦皮鞋等。

青少年要养成自理的习惯，需要在生活中一点一滴地积累。

1. 在家中帮助父母做力所能及的家务劳动，比如买菜、洗碗，培养自己动手的习惯。

自己的事情自己做，不用父母多操心。上学放学不用父母接送，日常生活自理得当，衣服自己洗，房间和物品自己整理。

学会做饭，饮食是生存自立最基本的要求，掌握烹调的技艺也是自理能力必不可少的环节。

学会处理简单的故障，例如修理自行车、门窗等。但是，在处理电、煤气等易发生危险的作业时，需要父母在旁边指导。

勤俭节约，不乱花钱。

2. 在学校里完成卫生、值日等任务，学习栽树、护花、剪枝等劳动技能。

3. 在社会上趁假期打打工，兼职家教，或参加一些社会服务、实践、夏令营、"野外生存"等活动。

自己作一个决定

智者一切求自己，愚者一切求他人。

——卡莱

生活中，许多青少年从小到大，从日常生活、交友、学习、报考专业、工作，甚至恋爱，都听从父母、老师的意见和安排。他们或者依赖，或者无奈。然而，真正的杰出青少年，应勇敢地自己作一个决定。

打开历史长卷，我们不难发现：

杰出者的身上具有许多种优良品质——勇敢、忠诚、创新、进取，当然独立也是这些品格中不可缺少的品质之一。如果一个依赖于他人的人也会获得成功的话，恐怕历史上就不会有很多民族为独立而战了。没有独立做前提，成功也许只是个假设。独立性格是成功者的必备条件，历史既然如此证明，现实生活也是这样。独立习惯的养成，对一个人的事业、未来、人生都有莫大的好处，所以一个青年人若想成就事业，这是必不可少的一个条件。

有一位学术界知名的学者曾告诫青年学生们：

"如果你过分依赖别人，那你便会上当，因为你不能分辨别人的话究竟是对的还是不对的，而你对于别人的动机也就茫然不知。"

如果你要做一个成功的人，那就应该是个品格独立的人，那首先你就应该学会对自己负责。

在生活中自己作决定，必须具备一些主观、客观条件，青少年朋友可以从以下几方面能力的训练着手：

1. 多进行独立的思考，有想法、有主见。

2. 有足够的自信心，坚信自己可以做得很好。

3. 提升自身的综合能力。因为，有实力才有发言权。

4. 观察力。要善于见微知著，提挈全局，抓住要领。

5. 分辨力。要分辨矛盾双方的强弱与均衡，使决断具备清晰的条理。

6. 判断力。权衡利弊，在充分掌握全局的基础上，判断你的决定的效应。

对权威和教条说一次"不"

我们的忠言是：每个人都应该坚持走他为自己开辟的道路，不被权威所吓倒，不受行时的观点所牵制，也不被时尚所迷惑。

——歌德

"权威"，是指在某种范围之内有威信、有地位或者具有使人信服力量的人。权威的存在，有时是对探索实践的一种促进，因为"权威认定"毕竟有它的可信价值；而有的时候，权威的存在，则是对探求的阻碍，因为权威毕竟不是真理。

古希腊哲人说："吾爱吾师，吾更爱真理。"杰出人士们在继承前人的基础上，总是抱着怀疑一切的态度，在实践中坚守着正确的事物。

意大利科学家伽利略敢于对权威亚里士多德说"不"，用实验证明了不同重量的铁球能同时着地的正确结论。日本指挥家小泽征尔在大赛中敢于对国际权威们说"不"，指出乐谱有错，一举夺魁。

生活中，当后天教育与青少年的自然天性发生冲突的时候，青少年便会以各种方式加以反抗，但是反抗的结果往往是后者失败，因此年长的人便教育青少年：权威的力量是不可逾越的，作为青少年只能无条件地遵从。

于是，人便从不敢反抗，到不愿反抗，到最后根本不想起来去反抗……如此久而久之，在青少年的思维模式中，由教育所造成的权威模式便形成了。这个过程也就是青少年的成人化过程和社会化过程，每个人都会经历这种过程，从来没有人例外。

来自教育的权威使人们逐渐习惯以权威的是非为是非，对权威的言论不加思考地盲信盲从，其结果正如我们传统的"听话教育"那样：在家听父母的话，在学校听老师的话，在职场听主管的话——而唯独缺少"自我思考、冲破权威、勇于创新"的能力。

其实，权威之所以成为权威，也是得益于在实践中的不断探索。倘若后来的人们拘泥于前人的成果，实际上也就是否定了权威们寻找真理的方式。杰出人士们所坚持的正是"权威们"曾经使用过的武器。

1900年，著名教授普朗克和儿子在自己的花园里散步，他神情沮丧，很遗憾地对儿子说："孩子，十分遗憾，今天有个发现，它和牛顿的发现同样重要。"他提出了量子力学假设及普朗克公式。他沮丧这一发现破坏了他一直崇拜并虔诚地奉为权威的牛顿的完美理论，他终于宣布取消自己的假设。人类本应因权威而受益，不料竟因权威而受损，由此使物理学理论停滞了几十年。

25岁的爱因斯坦敢于冲破权威圣圈，大胆突进，赞赏普朗克假设并向纵深引申，提出了光量子理论，奠定了量子力学的基础。随后又突破了牛顿的绝对时空的理论，创立了震惊世界的相对论，一举成名，成了一个更加伟大的权威。

对大多数青少年来说，接受权威人士所给他们的负面评价是最大的不幸。许多人失败于智商测试、学习能力测试和其他测试，同时，这些人又愿意接受命运的安排，所以，他们甚至在成人之前就已经投降了。对他们来说，差的等级和其他低分自然而然地转化为后来在人生上的低效率。杰出的人物们选择了另一条道路：他们就是不相信那些贬低他们、而且是反复贬低他们的权威人士。他们有远见、有勇气、有胆量地向老师、教授、专家和教育测试中心所给出的评价进行挑战。

青少年朋友，你听过"不拉马的士兵"的故事吗？

一位年轻有为的炮兵军官上任伊始，到下属部队视察操练情况，他在几个部队发现了相同的情况：在一个单位操练中，总有一名士兵自始至终站在大炮的炮管下面纹丝不动。军官不解，询问原因，得到的答案是：操练条例就是这样要求的。军官回去后反复查阅了军事文献，终于发现，长期以来，炮兵的操练条例仍因循非机械化时代的规则。站在炮管下士兵的任务是负责拉住马的缰绳，在那个时代，大炮是由马车运载到前线的，以便在大炮发射后调整由于后坐力产生的距离偏差，减少再次瞄准所需的时间。现在大炮的自动化和机械化程度很高，已经不再需要这样一个角色了，但操练条例没有及时调整，因此才出现了"不拉马的士兵"。军官的这一发现使他获得了国防部的嘉奖。

可见，一味迷信于权威和教条，人们就失去了独立思考的能力。

青少年朋友，敢于质疑权威，敢于大声说一次"不"，是自立、创新的第一步，也是迈向成功的基石。

且莫跟风盲从

没有独立气魄的人，总是依赖成性，为非作歹。

——福泽谕吉

近两年来，"超级女声"活动如火如荼。成千上万的人参与投票，尤以青少年居多。

为了支持喜爱的选手，很多青少年盲从于组织者的号召，不惜高额话费，而出现了短信投票的狂潮。

据报载，一位女孩为了支持"超级女声"的选手，用母亲的手机投票，花费了相当于家里两个月生活费的手机通信费。

而有的青少年对选手缺乏自己的见解，只是受到他人影响而进行支持跟随。

对于喜爱的选手，他们狂热地追捧，甚至对其短处进行掩饰、美化；而对于不喜欢的选手，则跟从"同志者"指责、批评，甚至谩骂，互揭隐私，反映出种种不冷静、不健康的心态。这是青少年因为心理行为盲从性和肤浅性，缺乏深层思考使自己无法对行为负责的体现。

"横看成岭侧成峰，远近高低各不同。"凡事绝难有统一定论，谁的"意见"都可以参考，但永不可代替自己的"主见"，不要被他人的论断束缚了自己前进的步伐。追随你的热情、你的心灵，它们将带你实现梦想。

遇事没有主见的人，就像墙头草，东风西倒，西风东倒，没有自己的原则和立场，不知道自己能干什么，会干什么，自然与成功无缘。

其实，除了在日常生活中"随大流"可能没错之外，在其他许多事情上这样做，往往就会葬送了自己。

唯有不盲从，才能为成功者打开一片新的天地。

我国著名的史学家顾颉刚，他幼年读的书多，知识面广，并且读书时就不肯盲从前人之说，敢于提出疑问，因此特别喜欢考证。有一次，他看见一个饭碗，上面画着许多小孩，有的放纸鸢，有的舞龙灯，有的点爆竹，题为《百子图》。他知道文王有100个儿子，以为这一幅图画的是文王的家庭，就想考证一下文王的儿子。他从常见的书中只得到武王、周公等几个人。他很奇怪，为什么这样一个名人的儿子竟如此难考证。后来才知道文王百子说是从《诗经》中来的，只是一种谀颂之词，并非实事。

他后来的成就，就与这种精神密切相关。

青少年朋友，你的一切成功、一切造就，完全决定于你自己。

你应该掌握前进的方向，把握住目标，让目标似灯塔般在高远处闪光；你应该独立思考，有自己的主见，懂得自己解决问题。你不应相信有什么救世主，不该信奉什么神仙或皇帝，你的品格、你的作为，你所有的一切都是你自己的产物，并不能靠其他什么东西来改变。

人若一味盲从跟风，失去自己，就是一种不幸；人若失去自主，则是人生重大的缺憾。赤、橙、黄、绿、青、蓝、紫，谁都应该有自己的一片天地和特有的亮丽色彩。你应该果断地、毫不顾忌地向世人宣告并展示你的能力、你的风采、你的气度、你的才智。

在生活道路上，必须善于做出抉择，不要总是踩着别人的脚步走，不要总是听凭他人摆布，而要勇敢地驾驭自己的命运，调控自己的情感，做自我的主宰，做命运的主人。

生活中，青少年朋友应做到以下几点：

1. 看到别人都争相做一件事时，你首先应冷静地思考一下：这值不值得随大流，适不适合自己。

2. 多向师长、专家求教，博采众长，方有自己较成熟、全面的想法。

3. 过犹不及，拒绝跟风盲从并非代表否定一切，叛逆一切。

做独一无二的"我"

每个人都是自己个性的工程师。

——布尔曼

个性，是自己独特的思维和行为方式。

齐白石曾说："学我者生，似我者死。"

一位学者这样说："真正伟大的人，并不是因为他所完成的事业的伟大而促成了他的伟大，而是因为，也只是因为他完全地发挥出了自己强大的个性。"

从中，我们可以体会出这样一个道理：杰出人士之所以能让自己从芸芸众生中脱颖而出，一个重要的原因就是——他们保持着自己独一无二的个性。

世界上有数十亿个不同的人类个体，他们各自具有不同的优势。杰出人士们在面对自己时，即便清醒地认识到自身有很多的缺点，他们也会坚持：只做我自己。

遗传学告诉我们，你是由父亲和母亲各自的 24 条染色体组合而成，这 48 条染色体决定了你的遗传特性，每一条染色体中有数百个基因，你在这世上是独一无二的。

成功者都是有个性的，没有个性的成功几乎是没有的。一个人必须保持自己独特的个性，正确地认识自己，扬长避短，这样才会有利于自己事业的发展。

"我自感身处乱世，却一生桀骜不驯、卓尔不群、六亲不认、豪放不羁、当仁不让、刚正不阿、和而不同、抗志不屈、百折不挠、勇者不惧、玩世不恭、说一不二、无人不骂、无书不读、金刚不坏……"

这就是著名作家、评论家和历史学家李敖独一无二的"狂言"。

谈起李敖，无论是他的敌人还是朋友都不得不承认他是一位奇人！

1948年4月，李敖随全家迁居台湾，定居台中，跳班考入台中第一中学读初二。中学时代的李敖便显示出自己独立思考、绝不随世俗大流的个性，由于对当时台湾当局的教育不满，他在读完高二后便自愿休学在家，博览群书。1949年夏他考入台湾大学法律系，未满一年又自动退学。不久，他再次考入台湾大学历史系。

李敖一生善骂，经他抨击骂过的形形色色的人超过3000余人，在古今中外的"骂史"上，大概无人能望其项背！李敖居住台湾50多年，在蒋介石和蒋经国父子掌政的年代，他因发表抨击当政者言论，而两度入狱。由此，他成为地下英雄及国际知名的人权斗士。后来，"笑傲江湖"、"李敖有话说"等电视节目让他重回舞台，吸引数百万观众每晚看他横批政治。

他还爱打官司，口诛笔伐，告人无数，对收藏古字画也有兴趣。李敖一共有96本书被禁，创下了历史纪录。李敖曾著书宏富，尤以"狂狷"闻名于世，他曾放言："五十年来和五百年内，中国人写白话文的前三名：是李敖，李敖，李敖。嘴巴上说我吹牛的人，心里都为我供了牌位。"

这就是李敖，用自己与众不同的个性，书写了不同凡响的人生。

青少年要根据自己的个性去思考自己的未来，去设计成功的路线和方法。

人生活于世间，能以本色面世，不费尽心机，不被那些无谓的人情客套、礼节规矩所拘束，能哭能笑，能苦能乐，泰然自在，怡然自得，真实自然，保持自己的个性特征，岂不是一件乐事？

随波逐流，任意浮沉在别人的标准中，过分在意别人的看法，过分小心别人的评价，只会令你的自尊越来越低，而属于你的自我形象、独特个性便永远一片模糊。因此，不要因为别人的眼光和做法而委屈自己，强迫自己去做其实并不想做的事情。

一个有独特个性的人才能算是完整的人，才会受到别人的尊重。

选一条属于自己的路

走自己的路，让别人去说吧。

——但丁

每个人都有适合自己的路，选对了，就应坚定地走下去。

小时候，青少年朋友都有宏大的理想：做伟人，成为世界首富，成为发明家，策划许多有创意的事……总之，就是要过上精彩的人生，成为最杰出的人。

但是后来呢？当你年岁增长到可以去实现自己的理想时，四面八方的压力蜂拥而至。亲人、老师已为你设计好一条也许你并不热爱的路，或者你耳边不断萦绕着别人的议论，"别做白日梦了"，你的想法"不切实际、愚蠢、幼稚可笑"，"必须有天大的运气或贵人相助"，或"你太老"、"你太年轻"。

在现实面前，你要么完全放弃，要么半途而废。不是事情绝对不可能成功，而是太多的别人的意见使你丧失了成功的勇气。只有那些真正意志坚定的人能冲破这些羁绊，走向成功，而且是接连不断的成功。

贝多芬学拉小提琴时，技术并不高明，他宁可拉他自己作的曲子，也不肯做技巧上的改善，他的老师说他绝不是个当作曲家的料。

歌剧演员卡罗素美妙的歌声享誉全球。但当初他的父母希望他能当工程师，而他的老师则说他那副嗓子是不能唱歌的。

发表《进化论》的达尔文当年决定放弃行医时，遭到父亲的斥责："你放着正经事不干，整天只管打猎、遛狗、捉耗子。"另外，达尔文在自传中透露："小时候，所有的老师和长辈都认为我资质平庸，我与聪明是沾不上边的。"

从上述成功者的经历中，我们可以发现：

成功者总是自主性极强的人，他总是自己担负起生命的责任，而绝不会让别人驾驭自己。

青少年朋友如何选一条属于自己的路呢？

1. 依赖自己，而不是依赖别人。

一切都靠自己去奋斗、去争取。控制了依赖心理之后，一个人才会找到自己的生活目标，找到生活的方向，自己靠自己获得事业的成功。而且，只有靠自己取得的成功，才是真正的成功。

2. 消除身上的惰性。

要消除惰性，就得锻炼自己的意志。处理事情的时候，要果敢向前，说做就做，该出手时就出手；还得有灵活的头脑，要善于思考，勤于思考。

3. 要有独立意识，要自己替自己做主。

要自己替自己做主，就是要时时想到，只有自己的劳动所得的成果，才是真正属于自己的；只有享受自己的成果，才会有真正的快乐。

4. 要从小事做起。

每天认真反思自己的思想，一步一个脚印地去做。任何事情都是这样，不可能一下子就能做成，需要慢慢地起步，一步步地积累，最后才能做成。

学会自救自护

上帝只救自救者。

——巴菲克

面对从天而降的火灾、地震、车祸、溺水等意外事故，青少年朋友，你会如何应付？

据调查显示，当今青少年自救自护能力的缺乏令人担忧。他们对意外事故的反应通常是：所知甚少，错误百出，极少有人能说出正确可行的办法。

有这样一个真实的故事：

18岁的约翰·汤姆森是一位美国高中学生。他住在北达科他州的一个农场。1992年1月11日，他独自在父亲的农场里干活。当他在操作机器时，不慎在冰上滑倒了，他的衣袖绊在机器里，两只手臂被机器切断。

汤姆森忍着剧痛跑了402米来到一座房子里。他用牙齿打开门闩，爬到了电话机旁边，但是无法拨电话号码。于是，他用嘴咬住一支铅笔，一下一下地拨动，终于拨通了他表兄的电话，他表兄马上通知了附近有关部门。

明尼阿波利斯州的一所医院为汤姆进行了断肢再植手术。他住了一个半月

的医院，便回到北达科他州自己的家里。如今，他已能微微抬起手臂，并已经回到学校上课了。他的全家和朋友为他感到自豪。他已成为青少年心目中的楷模。

美国人为什么喜欢汤姆森呢？有的说，他聪明，用铅笔打电话，还会用嘴打开门。有的说，他喜欢干活，我们喜欢勤劳的人。还有的说，他身体真棒，一定曾努力锻炼身体，不然早没命了。

一位学者概括了这些人的回答，人们除了佩服他的勇气和忍耐力外，还有一种独立精神。他一个人在农场操作机器，出了事又顽强自救，所以他是好样的。

汤姆森的故事里还有这样一个细节：他把断臂伸在浴盆里，为了不让血白白流走。当救护人员赶到时，他被抬上担架。临行前，他冷静地告诉医生："不要忘了把我的手带上。"

可见，掌握自救自护知识，锻炼自救自护能力，在灾祸面前保持理智、冷静、果断，对今天的青少年而言，是相当重要的，而且刻不容缓。

下面为青少年朋友介绍一些应对危险、灾难时的自救常识。

一、火灾

遭遇火灾，应采取正确有效的方法自救逃生，减少人身伤亡损失：

1. 一旦身受火灾威胁，千万不要惊慌失措，要冷静地确定自己所处的位置，根据周围的烟、火光、温度等分析判断火势，不要盲目采取行动。

2. 身处平房的，如果门的周围火势不大，应迅速离开火场。反之，则必须另行选择出口脱身（如从窗口跳出），或者采取保护措施（如用水淋湿衣服、用湿湿的棉被包住头部和上身等）以后再离开火场。

3. 身处楼房的，发现火情不要盲目打开门窗，否则有可能引火入室。不要盲目乱跑、更不要跳楼逃生，这样会造成不应有的伤亡。可以躲到居室里或者阳台上。紧闭门窗，隔断火路，等待救援。有条件的，可以不断向门窗上浇水降温，以延缓火势蔓延。

4. 在失火的楼房内，逃生不可使用电梯，应通过防火通道走楼梯脱险。因为失火后电梯竖井往往成为烟火的通道，并且电梯随时可能发生故障。

5. 因火势太猛，必须从楼房内逃生的，可以从二层处跳下，但要选择不坚硬的地面，同时应从楼上先扔下被褥等增加地面的缓冲，然后再顺窗滑下，要尽量缩小下落高度，做到双脚先落地。

6. 在有把握的情况下，可以将绳索（也可用床单等撕开连接起来）一头系在窗框上，然后顺绳索滑落到地面。

7. 逃生时，尽量采取保护措施，如用湿毛巾捂住口鼻、用湿衣物包裹身体。

8. 如身上衣物着火，可以迅速脱掉衣物，或者就地滚动，以身体压灭火焰，还可以跳进附近的水池、小河中，将身上的火熄灭。总之要尽量减少身体烧伤面积，减轻烧伤程度。

9. 火灾发生时，常会产生对人体有毒有害的气体，所以要预防烟毒，应尽量选择上风处停留或以湿的毛巾或口罩保护口、鼻及眼睛，避免有毒有害烟气侵害。

二、地震

强烈的地震，常会造成房屋倒塌、大堤决口、大地陷裂等情况，给人民的生命和财产带来损失。为了在地震发生时保护自己，应当掌握以下应急的求生方法：

1. 如果在平房里，突然发生地震，要迅速钻到床下、桌下，同时用被褥、枕头、脸盆等物护住头部，等地震间隙再尽快离开住房，转移到安全的地方。地震时如果房屋倒塌，应待在床下或桌下不要移动，要等到地震停止再走出室外或等待救援。

2. 如果住在楼房中，发生了地震，不要试图跑出楼外，因为时间来不及。最安全、最有效的办法是，及时躲到两个承重墙之间最小的房间，如厕所、厨房等，也可以躲在桌、柜等家具下面以及房间内侧的墙角，并且注意保护好头部。千万不要去阳台和窗下躲避。

3. 如果正在上课时发生了地震，不要惊慌失措，更不能在教室内乱跑或争抢外出。靠近门的青少年可以迅速跑到门外，中间及后排的青少年可以尽快躲到课桌下，用书包护住头部；靠墙的青少年要紧靠墙根，双手护住头部。

4. 如果已经离开房间，千万不要地震一停就立即回屋取东西。因为第一次地震后，接着会发生余震，余震对人的威胁更大。

5. 如果在公共场所发生地震，不能惊慌乱跑。可以随机应变躲到就近比较安全的地方，如桌下、舞台下、乐池里。

6. 如果正在街上，绝对不能跑进建筑物中避险，也不要在高楼下、广告牌下、狭窄的胡同、桥头等危险地方停留。

7. 如果地震后被埋在建筑物中，应先设法清除压在腹部以上的物体；用毛巾、衣服捂住口鼻，防止烟尘窒息；要注意保存体力、设法找到食品和水，创造生存条件，等待救援。

三、溺水

溺水对生命最大的威胁是水能堵住人的呼吸道，造成窒息缺氧死亡。溺水往往具有发生突然、危险进程快的特点，一般情况下 4 ~ 6 分钟就可能因呼吸和心跳停止而死亡。所以做好预防和抢救工作十分重要。

不慎落水或在水中发生意外后的自救方法：

1. 保持镇静，采取仰面位，即在水中头向后仰，口鼻向上并尽力露出水面。

2. 呼吸要注意做到呼气浅而吸气深，并防止发生呛水。

3. 不要向上伸手臂进行挣扎，这样只能使人加速下沉。

4. 因腿抽筋不能游动导致下沉时，应及时呼救；如附近无人，应保持镇静，设法向浅水或岸边靠近。

四、车祸

车祸中，易造成各种伤害，如各类骨折、大面积软组织损伤、脑外伤、内脏器官损伤等。

发生车祸即刻拨打救援电话"122"和"120"。

伤者若出血，可以把身上的衣服撕成布片，对出血的伤口进行局部加压止血。在大量出血时最好能用毛巾或其他替代品暂时包扎，以免失血过多。

骨折受伤时不要贸然移动身体，不要乱动或错误包扎，确实需要搬动时，一定要确定伤肢不会发生相对移动。找木板或较直、较粗的树枝，用三根固定带将 2～3 块木板在整个伤肢的上、中、下 3 个部位横向绑扎结实。

发生颈部损伤时不可随意挪动，否则很有可能形成永久性的伤害甚至肢体瘫痪。

头部发生创伤时要将身体平放，头稍垫高。

腹部开放性损伤时应把内脏尽量保持在原来的部位，拿一个容器扣在腹壁上，不要把脱出的内脏还纳至腹腔内，以免造成腹腔感染。

一旦发生车祸，伤者千万不可惊慌失措，因为急躁会增加出血量，增加人体耗氧量，反而加重伤情。

构建美丽的人生——养成良好习惯

习惯形成性格，性格决定命运。

——约·凯恩斯

制订"删除坏习惯"的计划

不良的习惯会随时阻碍你走向成名、获利和享乐的路上去。

——莎士比亚

习惯是人生的主宰，一个好的习惯让人受用一生，许多个好习惯加起来，就可以成就一个人一生的辉煌。性格决定命运，习惯作为思维、心态的反复再现而成了性格的一部分，所以我们说习惯决定命运。从小培养好习惯，改掉坏习惯，青少年的命运也将随之改变。

一个人的行为方式、生活习惯是多年养成的。比如，与人交往的形式、与人沟通的方式、与人相处的模式……都是多年习惯累积慢慢成形的。孔子在《论语》中提到："性相近，习相远也"，"少小若无性，习惯成自然。"意思是说，人的本性是很接近的，但由于习惯不同便相去甚远；小时候培养的品格就好像是天生就有的，长期养成的习惯就好像完全出于自然。

青少年在成长中，或多或少会有一些坏习惯，比如"说谎"、"办事拖拉"、

"马虎"、"不讲卫生"、"偷窃"、"打架斗殴"、"乱花钱"、"打游戏、上网成瘾"等。千里之堤，溃于蚁穴。这些貌似无关紧要的小毛病，久而久之，如潜伏的病毒，会危害你的一生。

生活中，青少年朋友如何制订有效的"删除坏习惯"的计划呢？

1.要充分认识到好习惯的重要性、坏习惯的危害性，只有这样你才能有坚定的决心、坚决的行动去"删除"坏习惯。

2.许多青少年面对自己的"坏习惯"没有足够的自制能力和意志，经受不住"坏习惯"的纠缠。比如无法控制网络、烟酒的诱惑等。那种凡事都无所谓的想法，使自己偏离了健全的自我意识的轨道。青少年应根据自己的实际情况，为自己制定一个惩罚"坏习惯"的制度，通过自我努力，达到有效控制、克服坏习惯，自我完善的目的。

3.按部就班，一步一步做起。一旦决定改变习惯，就拟定当日、当月、当年的目标。目标不可过大，比如有人戒酒时，就采用每天比前一天少喝一点的办法，最后戒绝。

4.古人说，要"齐家治国平天下"需从"修身、养性"开始，即从点滴的习惯开始，行知并重。要想克服拖延的坏习惯，就必须懂得珍惜时间；要想克服懒惰的坏习惯，就必须勤奋；要想克服打架斗殴的恶习，就必须学会宽容。

在好习惯的培养中，人的毅力会慢慢增强，当强到一定程度的时候，人就有了力量去对付那些坏习惯。如果一开始就去碰那些坏习惯的话，容易受到阻力，挫伤人们对好习惯培养的信心。

5.我们常说万事开头难，一个新习惯的诞生，必然会冲击相应的旧习惯，而旧习惯不会轻易退出，它要顽抗，要垂死挣扎。另外，我们的机体、心灵也需要时间从一种状态过渡到另外的状态，需要一个适应过程。从记忆的角度讲，人也需要不断复习新建立的好习惯，以求强化它。所以，前三天要准备吃点苦，要下工夫，要特别认真，过了这一关，坦途就在眼前。

根据科学家的研究，一个好习惯的养成需要 21 天时间。但养成的习惯不一样，每个人的认真程度不一样、刻苦程度不一样，所用时间就不一样，因此可以把它确定为 1 个月。

6.为自己找个榜样，看看成功人士是如何改掉坏习惯的。

要改变坏习惯，青少年还可以尝试以下做法：

1.认识到自己有什么坏习惯必须改掉。例如使你逃避问题的习惯，使家人、朋友或同事厌烦的习惯，你觉得并不能带来愉快但又不能自拔的习惯等，都是必须改掉的坏习惯。

2. 学一点风趣、机智，让别人与你谈话都觉得很愉快，乐意听你说话。

3. 学会提问，而且问得恰当。问别人私事要适可而止，切不可追根问底。对别人关切的事能表示关怀，有诚意对他人作进一步的了解。

4. 不可装着自己什么都懂。不知道就说不知道，诚恳地问人家，更容易给人亲切感。

5. 找一些有利的新朋友。例如你要改掉暴饮暴食的习惯，就和饭量小的人一起吃饭；想戒烟的就尽量少和"大烟枪"在一起。

6. 多参加各种各样的活动。不要把自己的快乐活动限制在你喜欢的那一、两项中。

7. 凡事不必看得太严重。从日常平淡的生活中发掘乐趣，与你周围的人共享生活的甜美。

8. 把握机会多交朋友。

9. 多想别人好的一面，少提缺点。

养成卫生习惯

孩子成功教育从培养好习惯开始。

——巴金

曾有一篇报道，题目是《一口痰"吐掉"一项合作》。说某医疗器械厂与外商达成了引进"大输液管"生产线的协议，第二天就要签字了。可当这个厂的厂长陪同外商参观车间的时候，习惯性地向墙角吐了一口痰，然后用鞋底去擦。这一幕让外商彻夜难眠，他让翻译给那位厂长送去一封信："恕我直言，一个厂长的卫生习惯可以反映一个工厂的管理素质。况且，我们今后要生产的是用来治病的输液滴管。贵国有句谚语：人命关天！请原谅我的不辞而别……"一项已基本谈成的项目，就这样被"吐"掉了。

生活不卫生，不仅容易引发生多种疾病，而且如上文一样，人们会通过这些不卫生的小举动，认识到你的修养和素质，从而对你产生不良印象。

生活卫生的范围极为广泛，包括衣、食、住、行和身体各部位的卫生，青少年在生活中应严格按照卫生的要求去做。

养成生活卫生的习惯，应注意以下几个方面：

1.戒除不良的嗜好，如酗酒、嗜烟(大量吸烟)、嗜赌(赌徒)。有人说得好，在危害健康的诸因素中，最严重的莫过于不良嗜好所引起的持久而普遍的作用。

2.改变不良的生活习惯。如本人的卫生习惯差，病从口入，易得胃肠传染病或寄生虫病。暴饮暴食者易患胃病、消化不良以及易于致命的急性胰腺炎。爱吃高脂及高盐饮食者，最易患高血压、冠心病等。一旦不良习惯养成，对健康的危害作用就会经常或反复地出现。

3.不要滥用药物。有关专家指出，当前药害已成为仅次于烟害和酒害的第三大"公害"。全世界每年死于药害者不下几十万人。为此，欲求健康长寿，必须停止滥用药物，包括滥用补养药品。补药用之不当，也会伤人。

4.衣服的大小要合身。太瘦太短的衣服(如牛仔裤、健美服等)是不利于青少年发育的，要适当宽大些。在衣料的选择上要注意透气性、保湿性，特别是夏天应选择棉、麻、丝之类的天然布料，不选用化纤产品的衣料，尤其不能用此做内衣内裤。鞋子的大小应合脚，鞋底的软硬要适中，女孩鞋底不可过高。

5.坚持每天早晚洗脸，洗去附在面部的污垢、汗渍等不洁之物，洗脸时，应注意清洗耳朵和脖子。夏季要及时擦去脸上的汗，不要让其淌在脸上，擦汗时要用纸巾或手帕，不可用衣袖代之。

6.要做到勤洗澡、勤换内衣，身上不留异味。

7.保持口腔清洁。首先要坚持每日早晚刷牙，清除口腔细菌、饭渣，防止牙石沉积。刷牙时间不宜太短，至少应在3分钟以上。另外，不吸烟，不喝浓茶，以防牙齿变黑变黄。如有口臭，应及早医治。如果知道自己要乘飞机、火车或要与人近距离交谈，最好不要吃葱蒜等有强烈刺激性气味的食物，以免影响到别人。

8.不可当众剔牙。餐后要剔牙，应用手或餐巾纸掩盖；进餐时，应闭嘴咀嚼，不能发出咀嚼的声音；与人交谈时，口角不应有白沫，更不能口水四溅；与人交往前不要过量饮酒，酒气熏人会引起他人反感；不能在人前嚼口香糖，特别是与人一边说话、一边嚼糖就更不礼貌了。

9.打喷嚏、擤鼻涕、咳嗽、打哈欠时，不要直直地朝着别人的脸。必要的时候，要赶紧把头歪向一边。突然要打喷嚏了，赶快掏出纸巾或手帕把鼻子盖住，同时尽量地压小声音。咳嗽时也是如此，来不及拿纸巾或手帕，也得用手赶快遮住嘴。

10. 应该随时清洗自己的手，要注意修剪指甲。大小便后一定要洗手。在任何公众场合都不应修剪指甲，也不能摆弄手指，这些都是失礼的行为。手弄脏了，要及时洗净，不能用脏手将食物往嘴里送。

11. 少抠鼻。抠鼻时容易毁坏鼻毛，把鼻黏膜抠破，引起鼻出血。另外，鼻黏膜经常受到手指的刺激，容易变薄，发生萎缩现象，使我们闻不到气味。如果手指上或手指甲缝的细菌进入鼻孔里，还容易引起慢性鼻炎、生疖长疮，使鼻孔有阻塞感，不通气，流鼻涕，鼻孔发红，鼻梁肿胀，长期不愈，甚至引发全身不适，严重时细菌能通过面部血管进入大脑里引发炎症。

12. 少挖耳。常用发卡、火柴挖耳朵，容易把外耳道的皮肤划伤，引起外耳道出血。若是感染细菌，往往引起外耳道炎和外耳道疖肿，耳道不断向外流脓或流水。如果挖耳朵时不小心把耳膜捅破，使细菌进入鼓室，就会引起中耳炎，不仅耳朵长期流脓，还有造成耳聋的危险。

13. 少揉眼。眼睛是一个很精密的器官，血管非常丰富，用手一揉，由于刺激作用，结膜上的血管变粗，眼睛就发红了。另外，手一天到晚什么都摸，上面往往沾着很多细菌，如果把这些脏东西揉进眼睛里去，就容易引起急性结膜炎和沙眼，造成眼发红，长眼眵，看不清东西，甚至睫毛脱落，眼边发烂。

14. 不贪坐。吃饭后就坐在沙发上看书、看电视，不再动一动，长期下去就会使脂肪堆积在臀部、腹部，造成腹部突出，臀部下垂，体态变得臃肿难看。

15. 少架腿。"二郎腿"会压迫腿部的血管，使血液回流不畅通，造成小腿疲劳、发麻。架腿还破坏躯干的竖直，长期架腿会造成脊椎弯曲。

16. 少咬物。啃指甲、咬笔杆、咬下唇、啃开啤酒瓶盖等，这些习惯不仅不卫生，而且还容易使口腔上颌的门牙突出，影响牙齿的整齐和美观，甚至造成危险。咬物时张口呼吸，会使口腔上颌变得又高又窄，有损容貌。

锤炼一双勤劳的手

人的幸福存在于生活之中，生活存在于劳动之中。

——列夫·托尔斯泰

著名哲学家罗素指出:"真正的幸福绝不会光顾那些精神麻木、四体不勤的人们,幸福只在辛勤的劳动和晶莹的汗水中。"勤劳,是中华民族引以为荣的传统美德。而如今,一些青少年"饭来张口,衣来伸手","贪图安逸"成为他们生活的主题。殊不知,将来害的还是自己。

有一位老农,临死的时候,把他的3个儿子召集到床前,对他们说:"我很快就要离开你们了,希望你们能在我去世之后比现在过得更好。我担心将来你们会受苦。因此,在我们家的那块地里,我埋下了一坛金子,这是我一辈子积攒得来的。"老人去世后,他的儿子便在老人所说的土地上挖金子,令他们感到奇怪的是,他们翻遍了每一寸土地,却始终没有找到那坛金子。他们感到很失望。当时恰逢播种的季节,随着失落的心情,儿子们将那块地进行了耕种。

几个月过去了,收获的季节来临了,由于儿子们深翻了土地,因此获得了前所未有的大丰收。更令他们高兴的是:他们恍然明白了老人的用意。

俗语说:千金唾手得,一勤最难求。有勤劳的双手,才有美丽丰硕的人生。

比尔·盖茨曾说:"懒惰、好逸恶劳乃是万恶之源,懒惰会吞噬一个人的心灵,就像灰尘可以使铁生锈一样,懒惰可以轻而易举地毁掉一个人,乃至一个民族。"

亚历山大征服波斯人之后,他目睹了这个民族的生活方式。亚历山大注意到,波斯人的生活十分腐朽,他们厌恶辛苦的劳动,却只想舒适地享受一切。亚历山大不禁感慨道:"没有什么东西比懒惰和贪图享受更容易使一个民族奴颜婢膝的了;也没有什么比辛勤劳动的人们更高尚的了。"

对于任何人而言,懒惰都是一种堕落的、具有毁灭性的东西。懒惰、懈怠从来没有在世界历史上留下好名声,也永远不会留下好名声。懒惰是一种精神腐蚀剂,因为懒惰,人们不愿意爬过一个小山岗;因为懒惰,人们不愿意去战胜那些完全可以战胜的困难。

因此,那些生性懒惰的人不可能在社会生活中成为一个成功者,他们永远是失败者。成功只会光顾那些辛勤劳动的人们。懒惰是一种恶劣而卑鄙的精神重负,人们一旦背上了懒惰这个包袱,就只会整天怨天尤人、精神沮丧、无所事事,这种人将成为对社会的无用之人。

许多青少年在安逸的生活中忽略了懒惰的可怕性而变得愚昧无知,他们只会从享受中体味生活,却不懂得如何去营造生活、去创造生活。

勤劳和成功是相辅相成的，有很多人因为勤劳而成功，但却很少有因懒惰而成功的人。虽然勤劳并不一定能获得令人瞩目的巨大成功，但人们如果辛勤工作，却能够获得个人最大限度的成功。

成功的背后定有辛苦。远古人生火，要花很长的时间去摩擦木头或石头；要吃果实，就爬到很高的树上去摘。因此《圣经》中有两句话：

流泪撒种的，必欢呼收割。

那流着泪出去的，必要欢欢乐乐地带禾捆回来。

勤劳或懒惰不是天生的，很少有人一生下来就是辛勤的工作者，也很少有人是天生的懒虫，大多数人的勤劳或懒惰都是后天的，是习性所致。此外，孩童时期的家庭环境以及所受的教育，也都有很大的影响。

生活中，青少年要养成勤劳的习惯，应做到以下几点：

1. 自己的事自己做，比如洗衣服、刷鞋、收拾房间等。
2. 在学校里，多参加劳动；或走出校园，进行社会实践、公益活动。
3. 假期里打一份工，锻炼自己。
4. 去农村、山区体验生活，认识"勤劳"的价值。

每天自省5分钟

反省是一面莹澈的镜子，它可以照见心灵上的玷污。

——高尔基

生活中，许多青少年面对问题时，总是说"我不是故意的"、"这不是我的错"、"本来不会这样的，都怪……"找借口、指责别人已经成为很多人的习惯，反省自己却比登天还难。人人都犯过错误，但很少有人能反省自己。

大多数人就是因为缺乏自省习惯，不晓得自己这些年以来的转变，才会看不清楚自己的本质。而一个不晓得自身变化的人，就无法由过去的演变经验来思考自己的未来，当然只能过一天算一天。

　　一个人如果能随时诘问自己过去的转变，就可以找出以往看待事物的观点是对还是错。若是正确，往后当然可以继续以此眼光去面对这个世界；万一是错的，也可以加以修正。如此，就可以帮助你以正确的观点去看待周围的事物。

　　著名作家梁晓声曾在随想录里回忆说，少年时代的他曾是一个爱撒谎的孩子，总是企图用谎话推掉自己对于某件事的责任。可是，这种撒谎的行为常常使他产生浓重的内疚感，他意识到自己在做不好的事，但还是忍不住去做，这使他处于非常矛盾的境地。

　　正是这样一种并不很坚定的自省意识，使他逐渐抑制住了爱撒谎的不好苗头，消灭了一种消极品性滋长的可能性。

　　1977年，梁晓声从复旦大学毕业。在去北京的火车上，他细细反省了一下自己在复旦3年的所作所为，将自己做过的亏心事细数了一遍。透过这些亏心事，梁晓声认识到了自身性格中的不少消极因素，诸如怯懦、"随风倒"等。认清了这些消极因素，梁晓声就通过自觉的努力去克服它们，从而使自己的性格朝着有利于成功的方向发展。

　　梁晓声说："我的最首位的人生信条是：'自己教育自己。'"他把反省列为人生信条的首位，肯定是有他自己的道理的。通过自省，他能够清晰地认识到自己性格中的种种消极因素，自觉地抑制这些因素的扩张。

　　曾子说："吾日三省吾身。"智者以世人为鉴，时刻反省；愚者只以自己为鉴，永远只能停留在原地。

　　人生天地间，浮浮沉沉、起起落落是常有的事情，这就要求我们必须随时自我反省，修正自己的错误，扬长补短。

　　青少年朋友，我们每天可以抽出5分钟时间，反省一下自己：

　　与人交往中，我今天有没有做不利于人际关系的事？在与某人的争执中我是否也存在不对的地方？对某人说的那句话是否得体？某人对我不友善是否有什么特殊原因？

　　做事的方法。今天所做的事，处理是否恰当？是否有不妥之处？怎样做才会更好？有没有补救措施？

　　到目前为止，我做了些什么事？有无进步？时间有无浪费？目标完成了多少？

　　反省的好处在于：可以修正自己的言行和方向，借修正言行来使自己进步。

每日反省 5 分钟，能纠正你做人处世的方法，让你有更加明确的方向。

不为打翻的牛奶哭泣

如果你因错过太阳而哭泣，那么你也会错过群星。

——泰戈尔

一位智者挑着几坛酒行路。突然，"哐当"一声，一个酒坛落到地上，碎了，酒流了一地。智者却未回头，仍然赶路。有人问他为何不转身看看，智者一笑："坛已破，酒已去，回头何益？"人们钦佩不已。

"不要为打翻的牛奶而哭泣。"这句话很普通，却包含着深刻的智慧，这是人类经验的结晶，是世世代代传下来的。即使你能读尽各个时代很多伟大学者所写的有关忧虑的书籍，你也不会看到比此句更根本也更有用的老生常谈了。

莎士比亚曾说："聪明的人永远不会坐在那里为他们的损失而悲伤，却会很高兴地去找出办法来弥补他们的创伤。"

荷兰阿姆斯特丹有一座 15 世纪的教堂遗迹，里面有这样一句让人过目不忘的题词："事必如此，别无选择。"

命运中总是充满了不可捉摸的变数，如果它给我们带来了快乐，当然是很好的，我们也很容易接受。但事情却往往并非如此，有时，它带给我们的会是可怕的灾难，这时如果我们不能学会接受它，如果让灾难主宰了我们的心灵，那生活就会永远地失去阳光。

当我们读历史和传记并观察一般人如何渡过艰苦的处境时，我们会很羡慕那些能够把忧虑和不幸忘掉，并继续过着快乐生活的人。

许多事，如考试失利、失恋、失业，我们是无法逃避的，也是无所选择的。我们只能接受已经存在的事实并进行自我调整，抗拒不但可能毁了自己的生活，而且也许会使自己精神崩溃。因此，人在无法改变不公和不幸的厄运时，要学会接受它、适应它。

面对不可避免的事实，我们就应该做到像诗人惠特曼所写的那样：

让我们学着像树木一样顺其自然，

面对黑夜、风暴、饥饿、意外等挫折。

面对现实，并不等于束手接受所有的不幸。只要有任何可以挽救的机会，我们就应该奋斗！但是，当我们发现情势已不能挽回时，我们最好就不要再思前想后，拒绝面对，要坦然接受不可避免的事实。唯有如此，才能在人生的道路上掌握好平衡。

悔恨对你来说毫无用处，该逝去地去了，你若不积极动起来，恐怕会失去得更多，毕竟覆水难收，破镜难圆，站起来面对未来，你依然是一个站着的人。有位智者说过，如果谁从没有后悔过，那他就是一个圣人了。幸亏我们大多数人都曾后悔过，不然满大街跑的都是圣人，我们这些凡人该往哪儿去呢。

那么，青少年朋友如何面对悔恨呢？

1. 写下后果，告诉自己"事已如此，无可挽回"。以此为鉴，把握当下、未来更重要。

2. 及时向他人承认失误，以求谅解。

3. 向亲朋好友倾诉，或者大哭一场，发泄情绪。

4. 学着乐观、豁达一些，人生没有过不去的坎。

5. 做最喜欢的事情，来转移悔恨的念头。

告别拖延和惰性，把握今天

人拥有的东西没有比光阴更贵重、更有价值的了，所以千万不要把今天该做的事拖延到明天去做。

——贝多芬

生活中，我们都会有这样一些经历：早上闹钟响了，想起床又告诉自己"再睡几分钟吧"，结果有可能会迟到；想给亲友、同学打个电话，等到几小时、几天之后才打；这个月需完成的学习任务要到下个月才写；衣服堆得有味了才洗……

拖延使青少年无数美好的梦想、计划变成幻想，使青少年丢失了"今天"。

成功学创始人拿破仑·希尔说："生活如同一盘棋，你的对手是时间，假如你行动前犹豫不决，或拖延行动，你将因时间过长而痛失这盘棋，你的对手是不容许你犹豫不决的！"拖延是行动的死敌，也是成功的死敌。拖延令我们永远生活在"明天"的等待之中，拖延的恶性循环使我们养成懒惰的习性、犹豫矛盾的心态，这样就成为一个永远只知抱怨叹息的落伍者、失败者、潦倒者。拖延是这样的可恶，然而却又这样的普遍，原因在哪里？

成功素质不足、自信不足、心态消极、目标不明确、计划不具体、策略方法不够多、知识不足、过于追求十全十美，这些都是原因。

其实拖延就是纵容惰性，也就是给了惰性机会，如果形成习惯，它会很容易消磨人的意志，使你对自己越来越失去信心，怀疑自己的毅力，怀疑自己的目标，甚至会使自己的性格变得犹豫不决，养成一种办事拖拉的作风。

一日有一日的理想和决断。昨日有昨日的事，今日有今日的事，明日有明日的事。今日的理想，今日的决断，今日就要去做，一定不要拖延到明日，因为明日还有新的理想与新的决断。

清代钱鹤滩写了一则《明日歌》：

明日复明日，明日何其多！
我生待明日，万事成蹉跎。
世人皆被明日累，春去秋来老将至。
朝看水东流，暮看日西坠。
百年明日能几何？请君听我《明日歌》。

它对于漠视"今天"的青少年来说，极有警诫意义。

杰出人士为了打败"拖延"这个敌人，往往会给自己制定一张严密而又紧凑的工作计划表，然后像尊重生命一样坚决地去执行它。

人们问富兰克林："你怎么能做那么多的事呢？""您看看我的时间表就知道了。"他的作息时间表是什么样子呢？

5点起床，规划一天事务，并自问："我这一天要做些什么事？"

上午8点至11点，下午2点至5点，工作。

中午12点至1点，阅读，吃午饭。

晚6点至9点，用晚饭、谈话、娱乐、考查一天的工作，并自问："我今天做了什么事？"

此外，由于种种原因，杰出人士也可能会被迫拖延自己想要做的工作，对于这种导致拖延的外在阻力，他们也有一套对付的方法。

维克多·雨果是19世纪法国著名作家。有一回，他为了创作一部新作品，便紧张地投入到工作中。可是，外面不断有人来邀他去赴宴，出于礼节，他不得不去，为此浪费了好多时间。最后，他想出了一个绝妙的办法，把自己的头发剪去一半，又把胡子剪掉，再把剪子扔到窗外。这样，他就不好出去会客，而不得不留在家里。于是他专心致志地埋头创作，把又一部巨著奉献给了人们。

惰性是人的一种劣根性，为了做成某件事，必须与它抗争，超越这种劣根性的钳制。但是这种抗衡和超越不容易心甘情愿，一开始总要由一些外力来强制，进而才能逐渐内化为恒定的精神和行为习惯。如果想战胜它，勤奋是唯一的方法。对于人来说，勤奋不仅是创造财富的根本手段，而且是防止被舒适软化、涣散精神的"防护堤"。

青少年如何克服拖延、摆脱惰性呢？美国著名组织管理专家、效率大师斯蒂妮·卡尔帕女士，曾提出18种有效的方法。青少年朋友不妨一试：

1. 承认拖延。

2. 接受挑战。

3. 列出所有的借口和拖延的后果。

4. 纠正自己，避免去说"等到……""暂时"这类的话。

5. 把制定期限视为一种生活方式。

6. 分而治之、积少成多，逐步完成。

7. 把一些工作分派给他人去做或干脆删除。

8. 保持整洁有序。

9. 不要过分准备。

10. 要果断坚决。

11. 定出优先顺序以利于制订计划。

12. 留意自己的精力周期，将冗长乏味的工作安排在你精力水平处于巅峰的时间段里去完成。

13. 把你的计划和做法告诉别人，尽力完成承诺。

14. 果断迈出第一步。

15. 一次只处理一个问题。

16. 不要三心二意。

17. 每完成一样工作或方案，就奖赏一下自己。

18. 不能做完的事不要开始，开始了就一定要做完。

做事追求完美，但不苛求

完美主义等于瘫痪。

——丘吉尔

有句广告词说："没有最好，只有更好!"作为不甘平庸的青少年，应该不断追求完美。

追求完美，就是做任何事情都力求做到最好，至少是自己能力的极限。能够做得更好的事情绝不迁就自己的惰性;明明知道可以做得更好，绝不抱着"差不多就行了"的思想得过且过。

追求完美，是人类自身在渐渐成长过程中的一种心理特点，或者说一种天性。人类正是在这种追求中，不断完善着自我，使得自身脱去了以树叶遮羞的衣服，变得越来越漂亮，成为这个世界万物之精灵。如果人只满足于现状，而失去了这种追求，那么大概现在还只能在森林中爬行。

19世纪末，英国有一位唯美派作家王尔德。他对于文学创作非常投入，写作时一丝不苟、不遗余力，改稿不厌其烦。有一天，当王尔德显得有些劳累在餐馆用晚餐时，他的好友问："你今天一定很忙吧? 看你一副累垮了的模样。"

王尔德回答："是啊! 今天真是累人，我整个上午都在校对一首诗稿。"朋友说："只是这样啊! 结果呢?"王尔德说："结果删掉了一个逗点，真的好累!"朋友吃惊地说："就只有这样?"王尔德很认真地说："是这样没错啊! 可是……"朋友好奇地追问："可是什么?"王尔德说："可是到了下午，我又把那个删掉的逗点加了回去。"

由于王尔德追求更高的完美，因此，他的不少作品成为世界名著，到现在还广为流传。

然而，在生活中，一味追求纯粹的完美是不现实的。

古人常告诫我们，"人无完人，金无足赤"，"不可求全责备"，"不必吹毛求疵"，"全则必缺，极则必反，盈则必亏"等，这一条条的名言隽语，说的都是不可苛求完美的意思。

生活中，有时我们越要求"完美"，失误越多，常常因此而失去机遇，导致失败。比如我们经常隔几年举办一次的高中同学或者大学同学聚会，如果要求计划中的全班同学在某一时刻全到场，常常会"不齐不聚"，拖延又拖延，最后致使聚会"泡汤"，但如果把"求全"降一格，改为"求多"，即超过半数就聚，则肯定能办成。毕竟，个人的发展空间不一样，有的远在天南，有的跑到海北，哪能在同一时间每个人都来呢？

某天，一位教授在课上要求学生们写出追求完美的好处和弊端。一名学生只举出一个好处："这样做有时会得到优秀成绩。"

接着她列出6个弊端："第一，它令我神经非常紧张，以致有时连普通成绩也拿不到。第二，我往往不愿冒险犯错，而那些错误却是创作过程中所必然会发生的。第三，我不敢尝试新的东西。第四，我对自己诸多苛求，令生活失去了乐趣。第五，由于总是发现有些东西未臻完美，因此我根本不能松弛下来。第六，我变得不能容忍别人，结果别人认为我是个吹毛求疵者。"

根据这个利弊分析，她终于认为若放弃追求完美，生活可能会更有意义和更有成就。

青少年朋友，事事追求完美是一件痛苦的事，它就像是毒害你心灵的药饵。因为，这个世界本来就不是完美的，过去不是，现在不是，未来也不会是，因为它本来就是以"缺陷"的样式呈现给我们的。人如果事事追求完美，那无疑是自讨苦吃。

青少年追求完美的初衷总是最美好的，但如果不切实际地一味追下去，一心只想十全十美，最终往往是两手空空。直到有一天你才会明白：为了寻找一片最完美的树叶而失去了整个森林，是多么得不偿失。世间许多悲剧，正是因为一些人热衷于追求虚无缥缈的完美，而忘却了任何一种正常的选择都可以走向完美。完美不是一种既定的现象，而是一种日臻完善的执着追求过程。

用日记记录心情

我把一个作家不为发表而从事的写作称为私人写作。我甚至相信，一切真正的写作都是从写日记开始的，每一个好作家都有一个相当长久的纯粹私人写作的前史。

——周国平

青少年朋友，你热爱写日记吗？

日记，一个无声的朋友，却忠实地包容我们一切的烦恼、忧愁、悲伤、愤怒，也分享着我们的羞涩、欢乐、甜美、秘密……它是青少年毫无保留地袒露内心的花园，倾诉、宣泄之中，我们可以渐渐地清醒头脑、增强信心，并找回自我。

一方面，它记录我们的成长轨迹，书写我们的灿烂年华；另一方面，它可以帮助我们提高写作水平，积累有价值的素材。

文学家、教育家叶圣陶主张"从小学高年级起，就使学生养成写日记的习惯"。他认为，写日记可以培养"实事求是说老实话"的文风，是提高写作能力的好办法。

俄国文学家列夫·托尔斯泰的作品在世界各国广为流传。列宁称赞他的小说是"俄国革命的镜子"，给予很高的评价。列夫·托尔斯泰的小说为什么写得那么好呢？原因是多方面的。他坚持写日记，是其中一个重要的因素。

从 19 岁到 82 岁逝世，除中间间断了一段以外，托尔斯泰写了 51 年的日记。每天深夜，临睡前，他总是以写日记结束一天的生活。日记，是托尔斯泰积累素材、训练语言的有效工具。他早年的小说《昨天的事》，就完全是从日记里构思出来的。

中国近现代著名学者、思想家胡适一生坚持写日记，先后有 50 多年。

日记中有他的读书治学、朋友交往的事，有他对社会时事的观察和分析，有他个人和家庭的生活记录，有诗文和往来书信。而且，还附有重要剪报或相关文件；在需要印证和留念的地方，还配有精美的插图插页，这些都使日记丰富多彩。

日记不仅忠实地记录了他不平凡的一生，还涉及中国近现代社会的方方面面。因此，可以从中了解胡适其人，了解中国近现代史的风云变幻、文坛佳话、政界机要，以及高层的某些趣闻轶事；同时，在做人、交友、求知、立业诸方面都有具体而生动的记载。

鲁迅说："我本来每天写日记，是写给自己看的……写的是信札往来，银钱收付，无所谓面目，更无所谓真假……例如，二月二日，得 A 信，B 来。三月三日，雨，收 C 报薪水 X 元，复 D 信。"

他一生坚持写日记，直到逝世前 3 天，为后人留下了宝贵的遗产。在日记中，有些只不过是一些阴晴圆缺、油盐酱醋、迎来送往的琐屑小事，读来却让人心生亲切踏实之感。雷锋同志也写下了大量的日记，《雷锋日记选》中就留下了自己成长的足迹。像他们一样，很多在事业上有所作为的人都有坚持写日记的习惯，这对他们的成功很有帮助。

那么，青少年朋友怎样写好日记呢？

1. 形式要活泼，方法不拘一格。

2. 要注意材料的选择和剪裁，既要写得简洁，又要写得具体形象，写出新意来。千万不能把日记写成一本流水账。写日记，要写出自己的感受，写出真情实感来。

3. 要及时捕捉住生活中的触点，用准确的语言把它们记录下来。

4. 要想使自己的日记有内容写，一定要热爱生活，积极参加各项活动。

5. 持之以恒。写日记，难就难在坚持。鲁迅、巴金等大文学家就坚持写了几十年的日记。陈毅同志外出视察或出国访问，在百忙之中，还坚持每天记日记。科学家竺可桢数十年如一日坚持写物候日记，竟写了四五十本。逝世前一天还用发抖的手写下当天的气温、风向。青少年应向他们学习。

我自有精彩之处——培养才艺技能

才华是刀刃，辛苦是磨刀石，很锋利的刀刃，若日久不用磨，也会生锈，成为废物。

——老舍

学会一种乐器

音乐是比一切智慧、一切哲学更高的启示，谁能参透我音乐的意义，便能超脱寻常人无法自拔的苦难。

——贝多芬

音乐，是上天的赐品，是人类智慧的结晶。贝多芬曾认为："音乐是比一切智慧、一切哲学更高的启示。"它具有感化人、拯救人、塑造人的作用。

欣赏、演奏音乐不仅是一种美的享受，它还能调节人的情绪。当心情沮丧、闷闷不乐时，听听音乐，或弹奏一曲，不仅可享受到一种美的艺术，而且可陶冶情操，激发热情，兴奋大脑，使你从中获得生活的力量和勇气。

据专家研究，音乐有如下特性、作用:音乐能直接影响一个人的内在感情;音乐能使一个人得到对"美"的满足感;音乐能诱发一个人的活动力;音乐是一种非语言的沟通工具;音乐活动能使一个人感到自我满足;音乐活动能促进一个人整合运动功能；音乐活动能帮助一个人宣泄内在的情绪；团体音乐活动能帮助促进人际关系。

人们根据音乐的表现形式将音乐划分为：民族音乐、西洋（严肃）音乐和流行音乐。

一、民族音乐

民族音乐指中国传统的民族或地方音乐以及其他一些国家的民族传统音乐。例如古琴曲、琵琶曲、江南丝竹乐、广东音乐、维吾尔族音乐、藏族音乐、陕北民歌、四川民歌、印度音乐、朝鲜音乐、日本音乐等。这里的印度音乐、日本音乐等不包括印度、日本近现代音乐家用西洋作曲法创作的西洋音乐。

二、西洋（严肃）音乐

西洋（严肃）音乐指包括中国作曲家在内的所有用西洋作曲法、配器法创作的音乐。其中有从海顿、巴赫等人到贝多芬形成的经典古典主义音乐；以舒曼、肖邦、柴可夫斯基等人为代表的浪漫主义音乐；从李斯特、瓦格纳开始到德彪西而成熟的印象主义音乐；还有以斯特拉夫斯基等人为代表的新古典主义（现代派）音乐。中国在 20 世纪 30 年代以来如贺绿汀、马思聪以至现在谭盾等青年作曲家创作的交响曲、协奏曲也属此类。

三、流行音乐

流行音乐指某一时期为最广大的群众所喜爱、广为传唱、流行的歌曲或音乐，当然也包括迪斯科、摇滚乐、美国乡村歌曲一类的音乐作品。这一部分音乐的题材极为广泛，包括表现战争的《喀秋莎》、《十五的月亮》、歌颂祖国的《一条大河》、赞美和怀念家乡的《草原上升起不落的太阳》、《天堂》、咏唱爱情的《莫斯科郊外的晚上》、《你的眼神》以及其他抒情歌曲。

乐器是人类通过音乐表达情感的一种工具，"琴、棋、书、画"，乐器演奏被放在首要位置，足见其重要价值。我国古代大教育家孔子，本身就是一位出色的音乐家,关于论述音乐的随笔很多。孔子教育弟子,以"诗、书、礼、乐"为主要内容，"礼"强调天地阴阳的秩序,"乐"则是取得谐调。在孔子的哲学中，音乐与道德居于同等地位。

中国民族乐器历史悠久，3000 多年以前，我国已有了不少相当精致的乐器，如钟、磬、陶埙、石埙、鼓、铃、铎、铙等。历史发展到今天，在代表乐器演奏最高水平的音乐会上，一般每次演奏总会备有 4 种不同的乐器，即弓弦乐器、弹拨乐器、吹管乐器及敲击乐器。

随着中外音乐交流，钢琴、小提琴等西方乐器与民族传统乐器相互交融，极大丰富了人们的生活内容。

常见乐器有如下几种：

一、二胡

中国传统的擦奏弦鸣乐器，由琴筒、琴杆、弦轴、琴弦、千斤、弦马、弓子等部分组成。其可用于独奏、协奏、重奏、伴奏与合奏，是乐队中不可缺少的主奏乐器。二胡的音色优美动听、刚柔多变，表现力非常丰富，既能演奏柔美、流畅的旋律，又能表现热烈、欢快的情绪，特别擅长于演奏抒情和伤感的作品。

近代民间音乐家阿炳、民族音乐家刘天华对二胡音乐的发展做出了重要贡献。阿炳创作的独奏曲有《二泉映月》《听松》,刘天华创作的独奏曲有《病中吟》、《良宵》、《空山鸟语》、《光明行》等。

二、箫

箫又称"洞箫"，是我国古老的吹管乐器之一。汉代"羌笛"是其前身。箫的品种很多，常见的有紫竹洞箫、九节箫、玉屏箫等。箫可用于独奏、伴奏与合奏。其音色淳厚柔和，优美典雅。善于演奏悠长、恬静、抒情的作品，如《夕阳箫鼓》、《梅花三弄》、《春江花月夜》等。

三、笛

笛又称"横笛"或"竹笛"，是我国古老的吹管乐器之一。现在的笛子共有 11 个孔。使用最多的是梆笛和曲笛。

梆笛音色高亢明亮，善于表现欢快、活泼、刚健豪放而具有浓烈北方色彩的作品，如《喜相逢》、《五梆子》、《荫中鸟》等。

曲笛用于独奏、伴奏昆曲或合奏。曲笛音色优美、淳厚、圆润，善于表达婉转、细腻而具有江南韵味的作品。如《姑苏行》、《鹧鸪飞》、《中花六板》等。

四、琵琶

琵琶是中国拨奏弦鸣乐器。初以演奏方法而名为"批把"，即右手向前弹出曰"批"，向后弹进曰"把"。在中国历史上，琵琶有圆形音箱和半梨形音箱两类。其音色独特，演奏灵活多变，自古就有"大珠小珠落玉盘"的赞誉。今天，它广泛应用于歌、舞、曲艺、戏曲的伴奏，以及器乐合奏、重奏和独奏。

琵琶独奏曲有大曲、小曲之分。大曲中又有文、武曲之别。文套风格秀雅，如《夕阳箫鼓》、《汉宫秋月》;武套气概雄健，如《十面埋伏》、《海青拿天鹅》。小曲又称小套。

五、古琴

古琴又称瑶琴、玉琴、七弦琴，中国最古老的弹拨乐器之一，古琴是在孔子时期就已盛行的乐器,至今有 3000 年以上的历史。20 世纪初才被称做"古琴"。《诗经·关雎》有 "窈窕淑女，琴瑟友之"的句子。

著名琴派有浙派、虞山派、广陵派。近代有浦城派、泛川派、九嶷派、诸城派、岭南派等。

古琴名曲有《梅花三弄》、《平沙落雁》、《广陵散》、《潇湘水云》、《渔樵问答》、《捣衣》、《阳关三叠》、《流水》、《酒狂》等。

六、钢琴

钢琴又称"乐器皇帝"、"乐器之王",由琴弦列、音板、支架、键盘系统、踏板机械和外壳共六大部分组成。

它音域宽广,音量宏大,音色变化丰富,可以表达各种不同的音乐情绪,或刚或柔,或急或缓均可恰到好处;高音清脆,中音丰满,低音雄厚,可以模仿整个交响乐队的效果。可用于独奏、重奏、伴奏、协奏或者根据需要加入乐队。它非常适合个性展示。

其代表曲目有:《1812 序曲》、《英雄交响曲》、《欢乐颂》、《幻想即兴曲》、《摇篮曲》、《蓝色多瑙河舞曲》、《春之歌》、《英雄波兰舞曲》、《军队进行曲》、《天鹅湖》等。

七、小提琴

小提琴属弦乐器,通过琴弦振动发声,现代的小提琴源于 16 世纪欧洲早期的四弦琴。它不仅是管弦乐队中最重要的乐器,同样在室内乐、民谣乐、爵士乐等领域散发其迷人的魅力。它既能唱出悠扬如诗般的曲调,有时又让人感到眼花缭乱。

其代表曲目有:《圣母颂》、《云雀》、《沉思》、《匈牙利狂欢节》、《流浪者之歌》、《魔鬼的颤音奏鸣曲》、《梁祝》等。

八、吉他

吉他又称"六弦琴",它门派繁多,风格多样,是典型的大众化乐器,便于演奏。高音部音色清澈华丽,中音部音色柔美动听,低音部音色丰满深沉,用于独奏可以表现出丰富的和声效果,具有如泣如诉般的感情力量,并能奏出美妙的泛音,还可模仿许多打击乐的音色;用于伴奏(尤其是伴唱)可以充分发挥其和弦的功力,为主旋律作丰富的衬托。

其代表曲目有:《爱的浪漫史》、《月光狂想曲》、《幻想曲》、《卡门组曲》、《加州旅馆》等。

青少年朋友,当一种乐器在你手中、口中演奏出优美的旋律时,会给自己、亲友带来多少欢乐,吸引多少艳羡的目光!一人独处,或参加聚会,你都将亮丽无比。

下棋，轻松娱乐

> 君子以之游神，先达之以安思，尽有戏之要道，穷情理之奥秘。
>
> ——萧衍

青少年朋友大都爱玩棋，既娱乐身心，又开发智力。

棋是博弈的一种，它不像拳击、足球等运动项目以拼体力为主，下棋拼的是智慧，比的是谋略，斗的是心计。棋不仅是竞技或娱乐，还是一种文化，与棋有关的一些词语都已渗入生活中，如"星罗棋布"、"棋逢对手"、"举棋不定"、"丢卒保车"、"丢车保帅"等。

世事如棋，棋亦如世事。破釜沉舟、步步为营、"一着不慎，满盘皆输"的事在现实中也并不罕见。青少年如果能从棋理中悟出做事之理、做人之理，则不但是棋坛高手，也可算是人生中的智者了。

生活中常见的有中国象棋、国际象棋、围棋、军棋、跳棋以及网上流行的五子棋。至于民间杂棋的种类，则不可胜数，如潮州地区就有厕棋、脚区棋、旋回棋、策反棋、赶虎棋等。

棋中的趣事颇多：

清代围棋高手范西屏早年曾骑驴游历四方。一次他游至扬州附近的水陆码头处，见有一棋园在设局博弈，便入内与主人对弈。谁知连负两局，只得将驴抵押出去。1个月后，范在归途中又路过此地，再次与主人对弈，此番他却连胜两局，这下该由设局的主人掏钱了。范西屏说："何需掏钱，还我驴即可。"说完，他骑上驴扬长而去。原来，范西屏上次经过此地，需在此换乘舟船却苦于无处寄驴，故以输棋抵债为由，巧妙地将驴寄养于棋园主人处。此番回来，驴子已喂养得膘肥体壮，归途中正好供其驱使。

下面介绍几种棋类和游戏规则。

一、围棋

围棋是中国的传统棋种，早在春秋战国时期就广为流传。每一朝代都涌现出许多才华出众的围棋高手，流传着许多动人的围棋史话。围棋艺术千变万化，具有经久不衰的魅力。围棋能开发智力，启迪思维，锻炼头脑，陶冶情操。在围棋的对弈中，包含着形象思维、逻辑思维的创作。它能增强机械记忆和理解记忆，提高人们的计算本领。

有人赞道："围棋天地是青少年的乐园。""围棋活动是开发智力的金钥匙！"这足以说明下围棋的好处已深入人心。

基本规则如下：

1. 棋盘。盘面有纵横各 19 条等距离、垂直交叉的平行线，共构成 361 个交叉点。在盘面上标有几个小圆点，称为星位，中央的星位又称"天元"。

2. 棋子。棋子分黑、白色，均为扁圆形。以黑子、白子各 180 个为宜。

3. 对局者一方执黑子先行（让子棋除外），另一方执白子，双方轮流交替下一子到棋盘的交叉点上（已有棋子的交叉点不能下子，禁着点不能下子），棋子下定后不允许再挪动位置。

在双方行棋的过程中，运用吃子、打劫、做活、围地等技术直至终局，所谓终局就是棋盘上每一个交叉点的归属均已完全确定下来。

按照行棋的规则：由黑棋先走，黑 1 占右上角，白 2 占左下角，黑 3 占左上角，白 4 占右下角，黑 5 攻击白 4，双方一替一手的应接直至白 18，这就是所谓的下围棋。

棋至终局后，怎样计算胜负呢？简单地说围棋中的胜负可以概括为：谁围的地域大谁就是胜者；反之，就是败者。

围棋盘上共有 361 个交叉点，一盘棋的胜负就是由对局双方所占据的交叉点的多少所决定的。更精确地说，就是由双方活棋所占据的地域的大小来决定的。1 个交叉点为 1 子，每方以 180.5 子为归本数，超过此数者为胜，不足此数者为负。

二、中国象棋

中国象棋又被称为"象戏"、"桔中戏"，系由先秦时代的博戏演变而来。战国末期，盛行一种每方 6 枚棋子的"六博"象棋。唐代象棋有了一些变革，象棋只有"将、马、车、卒"4 个兵种，棋盘和国际象棋一样，由黑白相间的 64 个方格组成。宋代，中国象棋基本定型，除因火药发明增加了炮以外，还增加了士、象。宋代《士林广记》就记载着中国目前所能看到的最早的象棋谱，它比西方 15 世纪出现得最早的国际象棋谱早 200 多年。到了明代，有人把一方的"将"改为"帅"，这时的象棋便和今天我们常玩的一样了。

基本规则如下：

1. 棋盘。棋子活动的场所，叫作"棋盘"，在长方形的平面上，绘有 9 条平行的竖线和 10 条平行的横线相交组成，共 90 个交叉点，棋子就摆在这些交叉点上。中间第五、第六两横线之间未画竖线的空白地带，称为"河界"，整个棋盘就以"河界"分为相等的两部分；两方将帅坐镇、画有"米"字方格的地方，叫作"九宫"。

2. 棋子。象棋的棋子共 32 个，分为红黑两组，各 16 个，由对弈双方各执一组，每组兵种是一样的，各分为 7 种：

红方：帅 (1)、仕 (2)、相 (2)、车 (2)、马 (2)、炮 (2)、兵 (5)

黑方：将 (1)、士 (2)、象 (2)、车 (2)、马 (2)、炮 (2)、卒 (5)

其中帅与将、仕与士、相与象、兵与卒的作用完全相同，仅仅是为了区分红棋和黑棋。

3. 对局时，由执红棋的一方先走，双方轮流各走一着，直至分出胜、负、和，对局即终了。轮到走棋的一方，将某个棋子从一个交叉点走到另一个交叉点，或者吃掉对方的棋子而占领其交叉点，都算走一着。

4. 各种棋子的走法。帅 (将)：帅和将是棋中的首脑，是双方竭力争夺的目标。它只能在"九宫"之内活动，可上可下，可左可右，每次走动只能按竖线或横线走动一格。帅与将不能在同一直线上直接对面，否则走方判负。

车：车在象棋中威力最大，无论横线、竖线均可行走，只要无子阻拦，步数不受限制。因此，一车可以控制 17 个点，故有"一车十子寒"之称。

炮：炮在不吃子的时候，走动与车完全相同。

马：马走动的方法是一直一斜，即先横着或直着走一格，然后再斜着走一条对角线，俗称"马走日"。马一次可走的选择点可以达到四周的 8 个点，故有"八面威风"之说。如果在要去的方向别的棋子挡住，马就无法走过去，俗称"蹩马腿"。

仕 (士)：仕 (士) 是帅 (将) 的贴身保镖，它也只能在九宫内走动。它的行棋路径只能是九宫内的斜线。

相 (象)：相 (象) 的主要作用是防守，保护自己的帅 (将)。它的走法是每次循对角线走两格，俗称"象走田"。相 (象) 的活动范围限于"河界"以内的本方阵地，不能过河，且如果它走的"田"字中央有一个棋子，就不能走，俗称"塞象眼"。

兵 (卒)：兵 (卒) 在未过河前，只能向前一步步走，过河以后，除不能后退外，允许左右移动，但也只能 1 次 1 步。

5. 吃子。任何棋子走动时，如果目标位置上有对方的棋子，就可以把对方的棋子拿出棋盘,再换上自己的棋子(即"吃子")。只有炮的吃子方式与其他子不同:炮与被吃子之间必须隔一个棋子,进行跳吃,俗称"架炮"或"炮打隔子"。

一方的棋子攻击对方的帅(将),并在下一着要把它吃掉,称为"将军",或简称"将"。被"将军"的一方必须立即"应将",即用自卫的着法去化解被"将"的状态。

对局时,一方出现下列情况之一,为输棋(负),对方取胜:

帅(将)被对方"将死",即被对方将军却无法应将;被"困毙",即虽未被对方将军,本方却已无棋可走动;自己宣布认输;一方长将不变,长将一方算输。

三、五子棋

五子棋是起源于中国古代的传统黑白棋种之一。它发展于日本,风靡于欧洲,又可称之为"连珠"、"连五子"、"五子连"、"串珠"、"五目"、"五目碰"等。

五子棋不仅能增强思维能力、提高智力,而且富含哲理,有助于修身养性。它既有现代休闲的明显特征"短、平、快",又有古典哲学的高深学问"阴阳易理";它既有简单易学的特性,为人们所喜爱,又有深奥的技巧和高水平的国际性比赛;具有东方的神秘和西方的直观,也是中西文化的交流点。

五子棋专用盘为 15×15。棋盘正中一点称为"天元"。棋盘两端的横线称端线。最边的纵线称边线。从两条端线和两条边线向正中发展而纵横交叉在第四条线形成的四个点称为"星"。天元和星应在棋盘上用直径约为 0.5 厘米的实心小圆点标出。

黑先走对局的第一个子,俗称"黑先白后",黑白双方依次落子。棋盘上形成横向、竖向、斜向的连续的相同颜色的 5 个棋子称为"五连"。黑白双方先在棋盘上形成五连的一方为胜。对局双方均认为不可能形成五连为和棋。

书法,写意人生

字如其人。

——谚语

书法是我国特有的、形体丰富的传统造型艺术,已有 3000 多年的发展历史。

中国书法一般使用圆锥形的软笔来书写汉字，并要求达到精、神、美的艺术效果。书法主要有行书、楷书、隶书、篆书、草书、魏碑等体。书法最早是指写字记事的技艺，随着书体渐多、技法逐精，书写形式成为表现书者的内在精神因素，以致发展成为一门独特的艺术，形成一整套完整的技法。唐代书论家张怀瓘在《文字论》一文中指出："深识书者，唯观神采，不见字形。文则数言乃成其意，书而一字已见其心。"中国书法是由笔法、笔势、笔意3个要素组成的。

历史上书法名家众多，钟繇、蔡邕、张芝、王羲之、王献之、颜真卿、柳公权、褚遂良、苏轼、米芾、赵孟頫、董其昌等。

书法是一种构成艺术。它是在洁白的纸上，靠毛笔运动的灵活多变和水墨的丰富性，留下斑斑迹象，在纸面上形成有意味的黑白构成。它也是一种表现性的艺术，书家的笔是他手指的延伸，笔的疾厉、徐缓、飞动、顿挫，都受主观的驱使，成为他情感、情绪的发泄；书法能够通过作品把书家个人的生活感受、学识、修养、个性等一一折射出来，所以，通常有"字如其人"、"书为心画"的说法；它又极具实用性，可以用于题词、书写牌匾。

青少年学习书法，益处颇多：

1. 毛笔字的进步会带动钢笔字等的进步。

2. 学好书法有利于眼睛、脊椎骨的健康，有益于长寿。

3. 有利于培养和形成良好的习惯与意志、品质。

4. 有利于综合素质的提高。

历史上有关书法的故事不胜枚举：

晋代王羲之从小学习书法，7岁就写得一手好字。成年后他仍然刻苦练习书法，即使闲坐时，也常常用指头在膝盖上比拟点画，时间长了，裤子都被磨得破损了。王羲之还虚心向别人学习，博采众长，成为我国历史上著名的书法家，人称"书圣"。其书法平和自然，笔势委婉含蓄，遒美健秀，后人评曰："飘若游云，矫若惊龙。"其书法作品有《兰亭序》《官奴帖》《十七帖》、《二谢帖》、《奉桔帖》、《快雪时晴帖》、《乐毅论》、《黄庭经》等。

王羲之的8个儿女都擅长书法，以最小的儿子王献之尤为突出。

王献之7岁开始学习书法，几年后自认为已经写得一手好字，便在父亲前面炫耀，想得到几句赞扬。谁知父亲却显出轻视的神情，然后指着家里的18只大水缸说："要想写出像样的字，你得写干这18缸水。"后来，王献之经过长年累月的练习，18缸水写完了，他的字大有长进。

一天，王羲之想试试儿子的功力，就从背后出其不意地拔他的笔，竟没有拔动，于是叹息着说："这孩子前途无量啊！"后来，王献之终有所成。

王献之的书法兼精诸体，尤以行草擅长。他运笔英俊豪迈，饶有气势，在书法史上与其父齐名，并称"二王"。

他的书法作品有《洛神赋》、《鸭头丸帖》、《中秋帖》、《东山帖》等。

近代书法家沈尹默青年时诗写得相当精彩，可字却不怎么样。一次，他的朋友陈独秀对他说："我看过你写的一首诗，诗很好，但字写得太俗气，不好看。"沈尹默听了一阵脸红。这句话使他意识到不应该只顾诗歌创作，而忽视文字书法。于是，他决心在书法方面狠下功夫。每天他都用一定的时间练习写字，看了许多名家碑帖，吸取别人精华，最后形成了自己独特的风格。此外，他还精心研究书法理论，写了大量有关的著作，成为近代有名的书法大师和理论家。

故事告诉我们：只要有坚持不懈的精神，每一个青少年都可以成为书法家。

青少年怎样才能学好书法呢？有专家指出：

1. 要激发兴趣，才会积极学习。
2. 根据自身的个性、爱好，选择最喜欢的字体入门。
3. 认真学习名家法帖，练眼练心，做到胸有成帖，脑有成字。
4. 练手，既练指力、练腕力、练手感。要让笔成为手的延伸。
5. 要心平气静，善始善终，不可心浮气躁。
6. 要有恒心、有毅力，不可轻易变换字体。
7. 要学用结合，练写合一。

画画，让心飞翔

天地以生气成之，画以笔墨取之。

——石涛

很多青少年都热爱绘画。小时候，照着课本，男孩子画一个武士、一把宝剑，女孩子描一个娃娃、一朵花，任梦幻在心底飞翔。长大了，背上画夹，在青山绿水中徜徉、将一刹的惊艳永恒地铭记在画纸上，是何等的满足、惬意！

三味书屋中少年鲁迅曾用"荆川纸"蒙在小说的绣像上，将人物一个个描下来。他在回忆时风趣地说："书没有读成，画的成绩却不少了，最成片断的是《荡寇志》和《西游记》的绣像，都有一大本。后来，因为要钱用，卖给一个有钱的同窗了。"从中可见画画的无穷乐趣。

画画是指用笔、刀、钢针、墨汁、颜料等工具和材料，通过构图、造型和设色等艺术手段，创造出可视的形象。由于所使用的材料、技术的不同，可分为水墨画、帛画、壁画、油画、水彩画、水粉画、版画、粉画和素描等。因题材内容的不同，可分为人物画（肖像画、历史画、风俗画、仕女画、宗教画等）、风景画、静物画和动作画等。因画面形式的不同可分为单幅画、组画和连环画等。由于表现方法的不同，还有具象绘画、抽象绘画和装饰性绘画等。

画画的作用包括培养美感、促进认知、发展智力、提高手眼脑的协调性和手的灵活性、促进创造性的艺术想象力和表现力等。这些作用中最重要的在于它具有培养创造性的功能，这种功能是通过造型活动实现的。

另外，画画能陶冶情操、锻炼身心、开发大脑思维的想象空间。

喜欢画画的人，性格大多乐观、豁达，遇事谨慎有分寸，感情细腻而浪漫。

画坛上有无数杰出人物，也留下了许多动人的故事。

日本16世纪的画圣雪舟，因幼时家贫，不得不进山当和尚，但他酷爱画画，常因为学画而误了念经，以致一再触怒庙里的长老。

一次，长老见他为画画走火入魔、"屡教不改"，大怒，将他的双手反绑，捆在寺院的柱子上。

雪舟虽然行动受制，却不愿意因此放弃画画，想到伤心处，不由得泪如雨下。那些泪水刚好滴落在地上，激发了雪舟的灵感，他居然伸出了大脚趾，蘸着泪水就在地上画了起来，画出了一只活灵活现的小老鼠。

长老见了大吃一惊，终于认定这孩子日后必有出息，便不再限制他画画。后来，雪舟果然成了一代宗师！

在长老来看，念经是身为僧侣最重要的事，所以不能理解雪舟热爱绘画的心。但是，对雪舟来说，在画画的过程中，更可以让他忘记所有残酷的现实，只是沉浸在创作欲得以满足的喜悦之中。

青少年学画画，可以从素描和色彩开始。

由木炭、铅笔、钢笔等，以线条来画出物象明暗的单色画，称为素描。通常讲的素描多元化指铅笔画和炭笔画。素描是一切绘画的基础。

初学素描常从铅笔开始，主要原因是铅笔在用线造型中可以十分精确而肯定，能较随意地修改，又能较为深入细致地刻画细部，有利于严谨的形体要求和深入反复地研究。同时铅笔的种类较多，有硬有软，有深有浅，可以画出较多的调子。铅笔的色泽又便于表现调子中的许多银灰色层次，对于石膏等基础训练作业效果较好，初学者比较容易把握。

有一定素描基础之后可以开始色彩练习。拿水粉来说，"水粉"易改，易画，表现技法相对比较少。

水粉练习初期可以做一张色表。自学画的过程中可以从临摹－写生－临摹的学习方法来练习。

要有"多画、多看、多想"的习惯。画一张画的过程要遵循"理性—感性—理性"、"整体—局部—整体"的思维观察方法。

至于画的表达技法太多，需自己在练习中琢磨。

另外，青少年还应多学习美术大师的名作，细心揣摩其精彩之处。

在欣赏一幅美术作品时，先仔细端详，要带着感情深入到作品的感情世界中去，看看自己有什么感觉或有什么不明白的地方。

接下来再用理智的眼光去看，你可以分析作品的每个部分，然后再从整体来看。边看边想一想：这幅作品为什么是艺术？作者是谁？艺术家试图表达什么东西，是想表达一种观点还是想讲述一个故事？是想表达一种心情或感情，还是想描绘由色彩和图形构成的美丽图案？是想表现一种有用的物品还是想让欣赏者用另一方式思考世界？

唱歌跳舞，幸福的表达

情动于中而形于言，言之不足，故嗟叹之；嗟叹之不足，故咏歌之；咏歌之不足，不知手之舞之，足之蹈之也。

——《毛诗·大序》

在美丽的人生中，唱歌、跳舞是不可或缺的。自由、陶醉、愉悦，"秀"一回自己，甚至暂时地发泄不快，尽在其中。

现代作家、漫画家丰子恺先生在《山中避雨》中写道：

茶博士坐在门口拉胡琴。除雨声外，这是我们当时所闻的唯一的声音。他拉的是《梅花三弄》，虽然声音摸得不大正确，拍子还拉得不错。这好像是因为顾客稀少，他坐在门口拉这曲胡琴来代替收音机做广告的。可惜他拉了一会就罢了，使我们所闻的只是嘈杂而冗长的雨声。为了安慰两个女孩子，我就去向茶博士借胡琴。"你的胡琴借我弄弄好不好？"他很客气地把胡琴递给我。

我借了胡琴回茶店，两个女孩很欢喜。"你会拉的？你会拉的？"我就拉给她们看。手法虽生，音阶还摸得准。在山中小茶店里的雨窗下，我用胡琴从容地（因为快了要拉错）拉了种种西洋小曲。两女孩和着歌唱，好像是西湖上卖唱的，引得三家村里的人都来看。一个女孩唱着《渔光曲》，要我用胡琴去和她。我和着她拉，三家村里的青年们也齐唱起来，一时把这苦雨荒山闹得十分温暖。我曾经吃过七八年音乐教师饭，曾经用 piano 伴奏过混声四部合唱，曾经弹过 Beethoven 的 sonata。但是有生以来，没有尝过今日般的音乐的趣味。

一场令人烦愁的雨，竟被歌唱衬托得温柔、静美起来。

今天，随着现代影音技术的发展，人人都可以到 KTV 包房中一亮歌喉，当一次"K 歌之王"。

KTV 作为一种大众化的新型休闲娱乐方式，以价格低廉、时尚流行等特色赢得了普遍的认同。更重要的是，在繁忙的都市里，它为人们提供了一个与家人和朋友放松身心娱乐的平台。

"不需要舞台只要有歌喉，不需要专业只要有快乐"，这是 KTV 一族（主要是青年朋友）的口号。不同于以往的晚会现场清唱表演，KTV 里的模拟演出更让人投入感情，达到出神入化的境界。人们的娱乐方式和娱乐生活由此改观。

在 KTV 娱乐房清洁幽雅的环境里唱唱歌，的确使人放松身心，感觉很闲适。借助最先进的电脑点歌系统和亲友来一段赛歌表演，把音响设备调到模拟状态，然后是模拟、掌声，融洽的气氛扑面而来，这种难得的体验是令人心旷神怡的。

青年在引吭高歌时可以备尝自信、自足的甜头。

另外，让失意、悲伤、苦闷随歌声而散，或在记忆中回味成长的片段，从怀旧的氛围中抚慰别样的心情，这是许多人去量贩式 KTV 唱歌一种真切的理由，并逐渐成为一种生活时尚。

舞场上，听着动人的音乐，跳着优美的舞步，使人很快消除紧张学习、工作的疲劳，给人以艺术享受。

经常跳舞，可以克服青年朋友的胆怯、腼腆的精神状态，消除社交恐惧症；可以使老朋友更加融洽，还能结识新朋友。经常跳舞可以健康体魄，矫正体形，使人心情舒畅、精力充沛、心胸开朗，使人焕发青春、乐观向上。经常参加舞会还可以使青少年提高道德品质水准，养成良好的气质风度。

青年朋友跳舞时，有几个小窍门：

1. 步幅不应大于肩宽。

2. 重心从一脚移至另一脚时要从容一些。

3. 把握住重心。

4. 眼视前方，不要看脚。抬起头容易保持平衡，形象也更好。

5. 不要停，否则不仅浪费时间，而且还表明你跳错了。如跳错可以一带而过。

6. 不要试图教你的舞伴跳舞，这样会使他或她感到不自在。注意你自己的动作。

游泳，舒展身心

学就屠龙游大海，竟能刺鹗舞长空。

——郭沫若

在碧波中起伏，与浪花共舞，享受水中无穷的乐趣，这就是青少年特别喜爱的游泳。

游泳益处多多。首先，游泳可使心肌发达，使心脏的搏出量增加。对从事大运动量的活动者，包括重体力劳动者可提供很大的能量储备。其次，游泳可加强呼吸功能。由于在游泳中换气必须做大的呼吸动作，经过多次的锻炼，可逐步增大肺活量，调整呼吸的节律，有利于人们进行持续性的劳动。此外，游泳还可以增强肌力和体力。由于游泳中肢体要不停地克服水的阻力，使肌纤维得到锻炼而增粗。

古今中外，有无数杰出人士热爱游泳，从中既锤炼了身心，又磨炼了意志。

孔子从少年时期学会游泳起，一直坚持游泳到古稀之年。他尤其喜欢逆水而上。

孙中山少年时常邀伙伴们比赛，且次次名列前茅。1923 年，已年近六旬的孙中山偕夫人宋庆龄登上广东肇庆鼎湖山旅游时，竟忍不住脱衣跳进水潭中畅游起来。至今此处仍立着纪念碑。

毛泽东从青少年时期起，便十分喜爱游泳。1956 年 6 月，他 3 次横渡长江，并写下了宏伟壮丽的诗篇《水调歌头·游泳》。尔后，他共 13 次畅游长江。他认为游泳能锻炼身体，还可锻炼脑子，磨炼意志，增强征服大自然的勇气，是一项极好的运动。

著名物理学家居里夫人十分注重"脑力和体力的平衡"，她喜欢到大江大海中畅游。据载，她搏击过地中海、红海的波涛，迎战过大西洋的巨浪，真可称得上是一位游泳高手。特别是她游泳时轻捷的动作和优美的姿势，让许多人羡慕不已。她说："我的身体并不是得益于医药，而是得益于新鲜空气、登山运动、游泳运动……"

一、游泳的 4 种基本姿势

1. 自由泳。由于游泳规则规定在自由游泳比赛时可以采用任何泳式，而爬泳速度最快，在自由泳比赛中运动员都选用爬泳姿势，因此爬泳又叫自由泳。

爬泳时在水中成俯卧姿势，两腿交替上下打腿，两臂轮流划水，动作很像爬行，所以称为"爬泳"。

2. 蛙泳。蛙泳是模仿青蛙游泳的一种姿势，也是最古老的一种游泳姿势。早在 2000 ~ 4000 年前，中国、古罗马、埃及就有过类似姿势的游泳。16 世纪初，两臂同时动作、两腿交替打水的姿势出现，这种游法是蛙泳演变的开始。

3. 仰泳。仰泳是人体仰卧在水中，两腿交替上下打水、两臂轮流划水的一种游泳姿势。

4. 蝶泳。蝶泳是在蛙泳动作的基础上演变而来的。当蛙泳技术发展到第二阶段时，也就是 1937 ~ 1952 年这一时期，在世界蛙泳比赛中，运动员采用了两臂划水到大腿后提出水面，再从空中前移的技术。从外形来看，好像蝴蝶展翅飞舞，所以人们称它为"蝶泳"。

二、游泳时要注意的问题

1. 掌握水中呼吸要领。呼气应在水内进行，随着口中喊一声"哇"字，同时将水与气体用力排出；当抬头高出水面的一刹那，大力用口吸气。

2. 使身体在水中浮起。人在水中浮起，主要依靠人的胸、腹腔。初学者可以立在水池中，屈膝双手环抱于双小腿之上，用力使上体下压，然后慢慢伸展下肢，身体即可在水中漂浮。

3. 防止脚抽筋。在下水之前，最好做一些足部的伸展运动，并对双足实施按摩，这样的准备动作可以帮助肌肉迅速地排除有害物质，减小肌肉痉挛的发生率。

4. 青少年们大多喜爱在夏天游泳。炎炎夏日，游泳可以让人身心舒畅，心旷神怡。游泳的时间安排在早 7 点钟左右比较合适，下午 4～5 点、晚上 7～8 点以后也是不错的选择。每次游 10～30 分钟，每周大概 2～3 次即可。夏季早晨的水温较低，入水前要充分利用冷水擦身，以使身体适应冷水的刺激，防止抽筋等意外的发生。尽量不要在晚上 10 点以后游泳，否则会因神经过于兴奋而造成失眠。

三、游泳时的卫生

1. 护耳。游泳时耳朵常常进水，容易引起耳疾。最好的办法是，游泳前用消毒棉球把耳朵塞起来，游泳后及时排出耳道内的积水。方法是站在原地，头偏向有水的一侧，单脚用力跳几下，然后用棉花拭干耳道。

2. 护眼。游泳后清洗面部，滴几滴氯霉素眼药水，预防结膜炎。

3. 护齿。游泳后要漱口，最好用牙膏刷牙，预防水池中过多的消毒剂对牙齿的侵蚀。

4. 护发。游泳后要冲洗头发，洗净粘附在头发上的污物，以免头发、头皮受侵蚀。

5. 护肤。游泳后最好用清水淋浴，以保持皮肤清洁，不受病菌感染。

滋润心灵的花园——拥有良好心态

事情的好坏取决于我们如何看待它们。

——奥·斯韦特·马顿

懂得知足常乐

人最大的财富在于无欲。

——塞尼逊

一位知名学者是单身汉的时候，和几个朋友一起住在一间只有七八平方米的小屋里。但是，他一天到晚总是乐呵呵的。

有人问他："那么多人挤在一起，连转个身都困难，有什么可乐的？"

学者说："朋友们在一块儿，随时都可以交换思想、交流感情，这难道不是很值得高兴的事儿吗？"

过了一段时间，朋友们一个个成家了，先后搬了出去。屋子里只剩下了学者一个人，但是每天他仍然很快活。

那人又问："你一个人孤孤单单的，有什么好高兴的？"

他说："我有很多书啊！一本书就是一个老师。和这么多老师在一起，时时刻刻都可以向它们请教，这怎不令人高兴呢！"

　　几年后，学者也成了家，搬进了一座大楼里。这座大楼有7层，他的家在最底层。底层在这座楼里是最差的，不安静、不安全，也不卫生。上面老是往下面泼污水，丢死老鼠、破鞋子、臭袜子和杂七杂八的脏东西。

　　那人见他还是一副喜气洋洋的样子，好奇地问："你住这样的房间，也感到高兴吗？"

　　"是呀！"学者说，"你不知道住一楼有多少妙处啊！比如，进门就是家，不用爬很高的楼梯；搬东西方便，不必花很大的劲儿；朋友来访容易，用不着一层楼一层楼地去叩门询问……特别让我满意的是，可以在空地上养一丛一丛的花，种一畦一畦的菜，这些乐趣，数之不尽啊！"

　　过了1年，学者把1层的房间让给了一位朋友，这位朋友家有一个偏瘫的老人，上下楼很不方便。他搬到了楼房的最高层——第7层，可是每天他仍是快快活活的。

　　那人揶揄地问："先生，住7楼也有许多好处吧！"

　　学者说："是啊，好处多着哩！仅举几例吧，每天上下几次，这是很好的锻炼机会，有利于身体健康；光线好，看书写文章不伤眼睛；没有人在头顶干扰，白天黑夜都非常安静。"

　　后来，那人遇到学者的学生，他问："你的老师总是那么快快乐乐，可我却感到，他每次所处的环境并不那么好呀？"

　　学生说："决定一个人心情的，不在于环境，而是在于你对环境的看法。"

　　学者的故事告诉我们：懂得知足，你的人生便会常乐。

　　"知足者，常乐也。"这是一句古训，是说我们应该知道满足，杜绝贪婪，这样才会有快乐的人生。

　　有很多青少年没有领悟到"知足常乐"的真谛。他们总是哀叹自己没有得到这样，没得到那样，他们总是哀叹自己的条件如何差劲，他们总是哀叹自己的命运如何坎坷，但他们不知道，还有很多人却远远不如他们。他们实在没有必要自寻烦恼。

　　美国人艾迪·雷根伯克在探险时，与他的同伴迷失在浩瀚的太平洋里，他们毫无希望地在救生筏上漂流了21天之久。艾迪说："我从那次经验里所学到的最重要的一课是：如果你有足够的新鲜的水可以喝，有足够的食物可以吃，你就绝不要再抱怨任何事情了。"后来，艾迪在他浴室的镜子上贴着这样几句话，好让自己每天早上刮胡子的时候都能看到：

人家骑马我骑驴，

回头看看推车汉，

比上不足，比下有余。

知足是对欲望的一种理性的审视。

知足是一种境界，知足的人总是微笑着面对生活，在知足的人眼里，世界上没有解决不了的问题，没有过不去的河，他们会为自己寻找合适的台阶，而绝不会庸人自扰。知足是一种大度，大"肚"能容天下事。在知足者的眼里，一切过分的纷争和索取都显得多余；在他们的天平上，没有比知足更容易求得心理平衡了。知足是一种宽容，对他人宽容，对社会宽容，对自己宽容，这样才会得到一个相对宽松的生存环境。知足常乐，此之谓也。

甩掉自卑的阴影

自信就是成功的第一秘诀。

——爱默生

由于生理缺陷、家庭条件、学历、才能、生活挫折等各种原因的影响，青少年容易披上自卑的阴影。自卑，即一个人对自己的能力、品质等做出偏低的评价，总觉得自己不如人、悲观失望、丧失信心等。自卑是一种消极的心理状态，是实现理想或某种愿望的巨大的心理障碍。

当毛孩于镇环从容面对电视前的观众侃侃而谈时，谁也想不到他是在自卑中长大的。当他面对自己浑身的毛不能出门时，他说他甚至想到了自杀。从小到大他成了稀罕物，在别人的指指点点中，他看见自己在他人心中的怪异。自卑差点淹没了他，但强烈地活下去的念头就像悬崖上的一线碧绿，让他生出希望。于镇环说有一天他懂得了换个角度去想，不再以别人的眼光看自己，他认为自己是特别的，自己的那身毛是上苍赐予他的，他更要好好地活着。于是他学会了不在乎，并且找到了自己的长处，当他终于以自己的歌声赢得了世人对他的认可时，于镇环找回了自信。

人是由来自父亲的 23 条染色体和来自母亲的 23 条染色体偶然结合而成。每一条染色体有几百个基因，任何一个基因变了，人也就变了。也就是说，这个世界上诞生你的概率只有 300 万亿分之一；假设你有 300 万亿个兄弟姐妹，那么你还是你，总有地方与他们不同。正如这个世界上有那么多的树叶，但绝对找不到两片完全相同的。太神奇了！ 300 万亿分之一的概率，居然产生了你，产生了我，这本身就是一个巨大的奇迹，更何况还没有将父亲是如何恰好认识母亲的概率算上去。所以，我们每一个人都应该珍惜自己、热爱自己。我们每个人都是太阳下面的一个新生事物，我们应该呼吸属于自己的一份氧气，占有属于自己的一份空间，充分地相信自己。

自信正是一种美妙的生活态度，一位成功者说：

"以前当我一事无成时，我怀疑我的能力，被自卑感所打倒，于是我觉得生活痛苦、黯淡无光；后来我取得了一些成就，恢复了对自己的信心，于是思想上也变得乐观、豁达，从而我的生活也随之变得美好了。"

"我想即使我再遇到新的打击或者失败了，我仍然会保持自信，因为只有这样，才使得失败只是一个偶然的挫折而已，而不会影响到我的人生快乐。"

自卑是一种心理暗示，给你这种暗示的，正是你自己。你给自己贴了失败者的标签，就注定自己的一生是失败的！

心理学认为，每个人对自己或多或少都带有一些不恰当的认识，自卑就是一种过多自我否定而产生的自惭形秽的情绪体验，是一种认为自己在某些方面不如他人的自我意识和自己瞧不起自己的消极心理，是由主观和客观原因而造成的。

由于一些青少年对自己的能力、学识、品质等自身原因自我评价过低，在日常生活中表现出行为畏缩、瞻前顾后，心理承受能力脆弱、经不起较强的刺激、谨小慎微、多愁善感等。长期被自卑情绪笼罩的人，一方面感到自己处处不如别人，一方面又害怕别人瞧不起自己，逐渐形成了敏感多疑、胆小孤僻等不良的个性特征。自卑使他们不敢主动与人交往，不敢在公共场合发言，消极应付工作和学习，不思进取。因为自认是弱者，所以无意争取成功，只是被动服从并尽力逃避责任。自卑不仅会使人的心理活动失去平衡，而且也会引起人的生理变化，尤其是对心血管系统和消化系统产生不良影响。生理上的变化反过来又影响心理变化，加重人的自卑心理。在自卑心理的作用下，遇到困难、挫折时往往会出现焦虑、泄气、失望、颓废的情感反应。一个人如果做了自卑的俘虏，不仅会影响身心健康，还会使聪明才智和创造能力得不到很好的发挥，这样自然难有作为。

那么，青少年朋友如何走出自卑的阴影呢？

1. 正视自卑。要充分了解自己的自卑来源于何处，问问自己，如果这些因素立即消失，自己会不会感到幸福，这样做，有利于消除一些隐藏的模糊的概念。对付自卑，正如对付敌人，不能知己知彼，也就不能战胜它。

2. 关注他人。如果总是过分关注自我，期待自己事事都比别人强，那你总会发现自己的不足，从而感到自卑。但当你将目光多投射到别人身上时，你会变得理智、客观、忘我，为集体的成功而欢笑，为他人的幸福而欣慰，你的快乐就会成倍增加，你的自信便会增强。

3. 增强自信。自卑者应打破过去那种"因为我不行——所以我不去做——反正我不行"的消极思维方式，建立起"因为我不行——所以我要努力——最终我一定会行"的积极思维方式。要正确而理性地认识自己，以坚强的勇气和毅力面对困难，以自信来清扫自卑的瓦砾。

4. 扬长避短。每个人都有自己的优点和弱势，要全面正确地评价自己，既不对自己的长处沾沾自喜，也不要盯住自己的短处而顾影自怜。要善于发现和挖掘自己的优势，以弥补自己的不足。

摆脱脆弱的纠缠

生活就像海洋，只有意志坚强的人，才能到达彼岸。

——马克思

据报载，陕西宝鸡市一位十几岁的高二女孩，在班级选举班干部时落选。这对她打击很大，因为从小学到高一她一直担任学生干部。从此，她经常流泪，成绩一落千丈。暑假过后，她烦躁地告诉父母自己不想去上学了。最终，父母劝说无效，只好给女儿办了休学手续。

有人困惑不解：今天的青少年怎么这么脆弱？

目前，在青少年中普遍存在内向、任性、脆弱等问题，因考试失利、父母老师的批评、情感纠葛而发生的离家出走、自杀的事例时见媒体。这与青少年缺乏对自己情绪的认识和管理能力，缺乏自我控制、自我激励及抗挫能力，缺乏感受理解、沟通表达和交往能力等密切相关。

某知名大公司招聘职员，有一青年面试后等待录用通知时一直惴惴不安。等了好久，该公司的信函终于寄到他手里，然而打开后却是未被录用的通知。这个消息简直让他无法承受，青年对自己的能力失去了信心，无心再试其他公司，于是服药自尽。

幸运的是，青年并没有死，刚刚被抢救过来，又收到该公司的一封致歉信和录用通知，原来电脑出了点差错，他是榜上有名的。这让青年十分惊喜，急忙赶到公司报到。

公司主管见到他的第一句话是：

"你被辞退了。"

"为什么？我明明拿着录用通知。"

"是的，可是我们刚刚得知你自杀的事，我们公司不需要因小事而轻生的人。"

青年偶然受了点打击便轻视自己，对未来不抱有希望，这是心理极度脆弱的表现。他不是败在严格而苛刻的公司经理的考题上，也不是败给实力不俗的竞争对手，恰恰是脆弱成了他的克星，挡住了自己梦寐以求的发展道路。

古今中外的大量事例证明：唯有坚强、忍耐，方可于困境中崛起，抵达成功之岸。司马迁、曾国藩、林肯、曼德拉等人的故事，青少年不妨一读。遭受一些挫折便自暴自弃的人，终究成就不了大业。

青少年要战胜脆弱、培养毅力和意志力，可借鉴以下几个手段：

1. 积极乐观。人生没有过不去的坎。师长责备，是出于爱；考试失败了，下一次可以改写结局；恋人离去了，真正爱你的人还在未来的路上等你；被炒鱿鱼了，是个人创业或更好的岗位契机……多这样想，多一次进取，多一回挑战，一切都会柳暗花明。

2. 学会忍耐。当"智慧"已经失败，"天才"无能为力，"机智"与"手腕"已经没用，其他的各种能力都已束手无策、宣告绝望时，"忍耐"走来了。由于忍耐，我们取得了成功，使不可能成为可能。

忍耐力，是许多杰出人士取得成功的最关键因素。

3. 自我激励。自我激励是激励的一种。有没有激励，人朝目标前进的动力是很不一样的。美国心理学家詹姆士的研究表明，一个没有受到激励的人，仅能发挥其能力的 20%～30%；而当他受到激励时，其能力可以发挥出 90%，相当于前者的 3～4 倍。可见，自我激励不仅对培养意志力，而且对开发潜能也大有影响。

在现代社会中，学会自我激励是很重要的。想干一番事业，干出一点成绩来，也许就会有许多意想不到的事情发生。挫折、打击会突然降临到你的头上，流言蜚语、造谣中伤会接踵而来，此时，尤其需要自励，使自己保持一颗平常心，重新取得心理平衡，使精神振作起来，保持自己旺盛的斗志。

4. 自我暗示。对一个人来说，可能发生的最坏的事情莫过于他的脑子里总认为自己生来就是个不幸的人，命运之神总是跟他过不去。其实，在我们自己的思想王国之外，根本就没有什么命运女神。我们是自己的命运女神，我们自己控制、主宰着自己的命运。

在每个地方，尽管都有一些人抱怨他们的环境不好，没有机会施展自己的才华，但是，就是在相同的条件下，有一些人却设法取得了成功，使自己脱颖而出，天下闻名。这两种人最大的区别就在于自我暗示的不同，前者始终抱着必败的心态，而后者则始终坚信自己会成功。

5. 自我沟通。自我沟通时要不断地对自己说一些催人奋发、鼓舞人心、使人勇敢、坚毅起来的话语，诸如："给予我面对一切的勇气吧！"

你会惊异地发现，这种自我沟通会迅速地使你重新鼓起勇气，使你重新振作起来，使你重新拾起已经丢掉的信心。

揭去虚荣的面具

虚荣心很难说是一种恶行，然而一切恶行都围绕虚荣心而生，都不过是满足虚荣心的手段。

——柏格森

词典上对虚荣心的解释为："表面上的荣耀、虚假的荣誉。"心理学上认为，虚荣心是自尊心的过分表现，是为了取得荣誉和引起普遍注意而表现出来的一种不正常的社会情感。在现实生活中，很多人都具有虚荣心，虚荣心理是指一个人借用外在的、表面的或他人的荣光来弥补自己内在的、实质的不足，以赢得别人和社会的注意与尊重。它是一种很复杂的心理。

今天，随着生活质量的提升，我们的需求也必然越来越高了。当家庭间的发展有差距时，青少年就会产生虚荣、攀比心理，攀比学习用品、衣服鞋袜、电脑，甚至金银首饰，更有的攀比是否有私家车接送。在这样的相互攀比中，家庭条件好的占尽了上风，他们成了许多青少年羡慕的"贵族子弟"。这一倾向反过来又导致这些"贵族子弟"产生高人一等的优越感，更加追求物质享受，贪慕虚荣；一些家庭条件较差的青少年，他们又不知道该如何正确对待，心中自然就会滋生异样感觉——自卑感或虚荣心。就这样，一个人的人格渐渐就被这种消极的、不正常的心理歪曲了，他的价值观和人生观便更为偏颇了。

虚荣心不仅体现在物质的追求上，还在门第、文凭等方面凸显。

青年小冯有一定的工作能力，但他虚荣心极强，一般大学的本科学历让他觉得没面子，于是在校园附近花200元买了个"北京大学"的假文凭，并凭此混进了一家大公司，四处吹嘘他是北大学子。北京大学毕业生还是比较打眼，很快公司的同学聚会就让小冯现原形了。从此，他狼狈不堪，被迫在北大学子鄙夷的眼光中离开了该公司。看来还是应了那句话："莫伸手，伸手必被捉。"其实一般本科又何必自卑呢？文凭又不等于水平，可能他还不知道，这家大公司的老板仅仅读完小学而已呢！

曾有专家把虚荣心的表现分为如下方面：

1. 喜欢谈论有名气的亲戚朋友或以与名人交往为荣。
2. 讲吃穿。
3. 行事购物喜摆阔。
4. 不懂装懂，海阔天空。
5. 热衷于追求一鸣惊人的成果。
6. 对名著、影片只求一知半解，夸夸其谈。
7. 好表现自己，尤其想在大庭广众面前露一手。
8. 好掩盖自己。
9. 对表扬沾沾自喜。
10. 对批评耿耿于怀。

11. 表面热情，内心冷淡，讨好别人。

12. 找对象过分追求长相门第。

13. 婚礼讲排场、摆阔气。

14. 讲面子，面子第一。

虚荣心理，其危害是显而易见的。其一是妨碍道德品质的优化，不自觉地会有自私、虚伪、欺骗等不良行为表现。其二是盲目自满、故步自封，缺乏自知之明，阻碍进步成长。其三是导致情感的畸变。由于虚荣给人的沉重的心理负担，需求多且高，自身条件和现实生活都不可能使虚荣心得到满足，因此，怨天尤人、愤懑压抑等负面情绪不断滋生、积累，导致情感畸变、人格变态。

虚荣心强的人往往不惜玩弄欺骗、诡诈的手段来炫耀、显示自己，借此博取他人的称赞和羡慕，最大限度地满足自己的虚荣心。但是由于这种人自身素质低、修养差，经常是真善美与假恶丑不分，往往把肉麻当有趣，将粗俗当高雅，打扮不合时宜，矫揉造作，不伦不类，使人感到很不舒服，甚至产生反感。

华丽的外表无法掩饰心灵的空虚。很难想象一个爱慕虚荣的人能有多大的成就，因为他们总是把一些浮在表面上的东西作为提高自己地位的条件，而不是扎实地生活和工作。

由于虚荣心具有许多负面影响，是一种扭曲的心理，它会遭到他人的反感和敌意，甚至批判，因此要尽量克服它。

青少年朋友要克服虚荣心，首先要树立正确的荣辱观，即对荣誉、地位、得失、面子要持一种正确的认识和态度。不可过分追求荣华富贵、安逸享受，否则就真的陷入了爱慕虚荣的泥潭。其次，要进行正确的比较。多比干劲、成绩、知识，多比别人的长处，从而认识到自己的不足；少比金钱、吃穿、职位，否则极易导致心理失衡。

认清逆反的怪圈

如果能左右自己的思想，就能够控制自己的情感。

——W.克莱门特·斯通

从小就聪明伶俐的小静，很听爸妈的话，是一个人见人爱的好孩子。可近来小静变了，凡事总爱与父母顶嘴，自作主张，有时还偏要同父母"反其道而行之"。例如，初中毕业后，爸妈为她选择了就近的一所重点高中作为报考志愿，而她偏挑选了一所离家较远的中学，她不是喜欢路远，而是有意与爸妈抬杠；小静有鼻炎，父母为她买了滴鼻药水，她却有意把它扔了；父母问她考试成绩，她明明及格了，却偏说不及格；有一天气候突然变冷，小静的母亲特意给她送去衣服，她竟当着同学们的面把衣服扔在寝室的地上；她爸爸平时工作忙，一有机会就想跟她聊聊，她却把他拒之于千里之外。这令小静的父母十分焦急。

高二的小平，成绩不太理想。可父母、老师越开导、批评，他越觉得反感，更加不用功了。一次，被爸爸骂了几句，他冲动之下，离家出走。半个月后，在外流浪的他才返回家。

其实，小静、小平的这些表现与逆反心理有关。

逆反心理是指，人们彼此之间为了维护自尊，而对对方的要求采取相反的态度和言行的一种心理状态。青少年常会"不受教"、"不听话"，常与教育者"顶牛"、"对着干"。这种以反常的心理状态来显示自己的"高明"、"非凡"的行为，往往来自于"逆反心理"。逆反心理在青少年成长过程的不同阶段都可能发生，且有多种表现。如在一些青少年当中，打架斗殴被看作是有胆量；与老师、领导公开对抗被视为有本事；哥们义气等不良的行为倾向却赢得了很多人的认同，而乐于助人、爱护集体、爱护公物、遵守校规校纪的青少年则被肆意讽刺、挖苦；对正面宣传作不认同、不信任的反向思考；对先进人物、榜样无端怀疑，甚至根本否定；对不良倾向持认同情感，大喝其彩；对思想教育消极抵制、蔑视对抗等。

一般说来，人们对于越是得不到的东西，越想得到，越是不能接触的东西，越想接触，这就是所谓"禁果逆反"。我们有些老师、家长禁止青少年做某事，却又不说明为什么不能做的理由，结果适得其反，使"不要吸烟"、"不要早恋"之类禁令达不到应有的预期效果，使被禁止、批判的电影、文学作品、理论文章更引起青少年的极大兴趣……"被禁的果子是甜的"，好奇心驱使青少年有时甘冒受惩罚的风险去尝也许并不甜的"禁果"。

由于青少年正处在身心发育成长的不稳定时期，大脑发育成熟并趋于健全，脑机能越来越发达，思维的判断、分析作用越来越明显，思维范围越来越广泛和丰富，特别是思维方式、思维视角已超出童年期简单和单一化的正向思维，向着逆向思维、多向思维和发散思维等方面发展。尤其是在接触社会文化和教育过程中，青少年渐渐学会并掌握了逆向思维等方法。正是青少年思维的发展和逆向思维的形成、发展，为逆反心理的产生提供了心理基础和可能，因此，逆反心理在成年前呈上升状态。

另外，青少年正处在接受家庭、学校教育阶段，由于阅历和经验的不足，在认知事物和看问题时常出现认识上的片面和较大偏差，因而易与家长、教师、教育者的意向不同。当人们的意向不一致时，彼此之间为了维护自尊，就会对对方的要求采取相反的态度和言行。

逆反的后果是严重的，它会导致青少年出现对人对事多疑、偏执、冷漠、不合群的病态性格，使之信念动摇、理想泯灭、意志衰退、工作消极、学习被动、生活萎靡等。逆反心理的进一步发展还可能向犯罪心理或病态心理转化。

要克服逆反心理，青少年要注意以下几点：

1.作为学生、子女，要学着从积极的意义上去理解大人。父母的压力也很大，也有着常人的喜怒哀乐，也会犯错误，也会误解人。我们只要抱着宽容的态度去理解他们，也就不会逆反了。

2.要经常提醒自己虚心接受老师父母的教育，遇事要尽力克制自己，要知道，退一步海阔天空。另外，还要主动与他们接触，向他们请教，这样，多了一分沟通，也就多了一分理解。

3.青少年要提高心理上的适应能力，如多参加课外活动，在活动中发展兴趣，展现自我价值。

4.青少年应正确认识自己，努力升华自我，把自己作为教育对象，主动思考自己、设计自己，并自觉能动地以实际行为完善或造就自己。

解开浮躁的死结

罗马不是一天建成的。

——谚语

　　浮躁心理是当前一些青少年的通病之一，表现为行动盲目，缺乏思考和计划，做事心神不定，缺乏恒心和毅力，见异思迁，急于求成，不能脚踏实地。

　　生活中有些青少年，他们看到一部小说在社会上引起强烈反响，就想学习文学创作；看到电脑专业在科研中应用广泛，就想学习电脑技术；看到外语在对外交往中起重要作用，又想学习外语；还想当歌星、当企业家、老板；今天学电脑，明天学绘画……由于他们对学习的长期性、艰巨性缺乏应有的认识和思想准备，只想"速成"，一旦遇到困难，便失去信心，打退堂鼓，最后哪一种技能也没学成。这种情况，与明代边贡《赠尚子》一诗里的描述非常相似："少年学书复学剑，老大蹉跎双鬓白。"是说有的年轻人刚要坐下学习书本知识，又要去学习击剑，如此浮躁，时光匆匆溜掉，到头来只落得个白发苍苍。

　　浮躁的人自我控制力差，容易发火，不但影响学习和事业，还影响人际关系和身心健康，其害处可谓大矣。

　　轻浮、急躁，对什么事都深入不下去，只知其一，不究其二，往往会给工作、事业带来损失。不浮躁是要踏实、谦虚，戒躁是要求我们遇事沉着、冷静，多分析多思考，然后再行动，不要这山看着那山高，干什么都干不稳，最后毫无所获。

　　《郁离子》中有个故事说，郑国有个人住在边远的地区，3年学习做雨具，好不容易学成了，可天太旱，无雨，雨伞没有用，自然没人买。于是他就放弃了做雨具，改学做汲水的工具，用了3年手艺又学成了，却逢天雨不断，汲水工具没什么用，只好又回去干做雨具的老本行。可是此时盗贼四起，人们都急需军服兵器，他又改行去做兵器，手艺学成，又失去时机。

　　可见，青少年朋友要想真正地有所作为，浮躁不可不戒。

　　1. 学着知足常乐。比上不足，比下有余，从中获得自足、宁静。

2.自我暗示。自我暗示是控制情绪的一个简捷而实用的好方法。例如你可这样暗示自己：无论面对怎样的处境，总会有一种最好的选择，我要用理智来控制自己，绝不让情绪来主导我的行动。只要我善于控制自己的情绪，我就是一个战无不胜、快乐的人。

3.开拓当中要有务实精神，要实事求是，不自以为是，踏踏实实，做好每一件事情。

4.遇事要善于思考。考虑问题应从现实出发，不能跟着感觉走，命运应掌握在自己手里。道路就在脚下，切实做一个实在的人。

5.多读一些书，找到自己浮躁的根源，比如曾国藩的《养心经》，或者学习书法，让内心趋于平静。

拓宽狭隘的曲径

自己萎弱，恶人健全；自己恶动，忌人活泼；自己饮水，嫉人喝茶；自己呻吟，恨人笑声，总是心地欠宽大所致。

——林语堂

生活中，有些青少年听到师长的几句批评就无法接受，甚至发火、痛哭；只爱交与自己一致的朋友，而容不下比自己优秀或与自己意见有分歧的人；遇到一些得失、委屈，生活、学习上的一点失误，便耿耿于怀，斤斤计较而日夜不安。这都是狭隘的种种表现。

狭隘是心胸狭窄、气量狭小的人格表现。狭隘也常常表现为吝啬小气，吃不得亏，否则心里就不平衡，就会想方设法弥补"受损"的利益。

1654年的瑞典与波兰之战仅仅是因为在一份官方文书中，瑞典国王的附加头衔比波兰国王少了一个。一个小男孩向格鲁伊斯公爵扔鹅卵石，于是导致了瓦西大屠杀和30年战争。有人不小心把一个玻璃杯里的水溅在托莱侯爵的头上，于是就导致了英法大战。

作为普通人，我们不可能因为一件小事就引发一场战争，但我们却可能会因小事而使周围的人不愉快。因此，一个人为多大的事发怒，也就说明了他的胸襟有多开阔。

比尔·盖茨认为，一个能够开创一番事业的人，一定是一个心胸开阔的人。人要成大事，就一定要有开阔的胸怀，只有养成了坦然面对、包容一些人和事的习惯，才会在将来取得事业上的成功与辉煌。

青少年朋友如何应对狭隘呢？

1. 树立正确的人生观。人生匆匆，何必计较太多？抛开"自我中心"，心底无私才会天地宽。

2. 正确处理人际关系。一是要有大度的气量。与人相处，肯定会发生一些不愉快的事，如果缺乏气量，与之斤斤计较，就无法相处。相反，如果气量大度，胸怀宽阔，就会使那些不愉快的事化为乌有。二是要有忍让的精神。忍让，绝不是软弱，而是心胸宽阔、风格高尚的表现。提倡忍让，并不意味着放弃原则。心胸狭窄的人极容易错误地估计形势，错误地对待人和事。

3. 开阔视野。狭隘的人，不仅生活在一个狭窄的圈子里，而且他知识面也非常狭窄。因此，开阔视野很重要。如青少年应多参加一些社会公益活动，参观一些伟人、名人纪念馆，听英雄人物事迹报告会等。这能使我们在亲身经历中顿悟很多人生道理。丰富课余文化生活，组织多种多样的文娱、体育活动，拓宽兴趣范围，使自己时刻感受到生活、学习中的新鲜刺激，感受到生活的美好，陶冶性情，从而在健康向上的氛围中增强精神寄托，消除心理压力。

4. 多与人交往。狭隘的人，其心胸、气量、见识等都局限在一个狭小范围内，不宽广、不宏大。青少年应多与人接触，对不同的人有不同的认识，从而积累经验，从中明白对与错的道理。

斩断嫉妒的毒蛇

一个嫉妒的人就是一个贪婪的人。

——雨果

战国时，庞涓因嫉妒而陷害孙膑，最后身败名裂；三国时，周瑜量窄嫉才，曾发出"既生瑜，何生亮"的感慨，终英年早逝。

"嫉妒，潜藏在心底，如毒蛇潜伏在穴中。"巴尔扎克的名言告诉我们：嫉妒者是丑陋的，他只能害人害己。

其实，嫉妒是自卑的一种表现，是不健康的心态。嫉妒心理总是与不满、怨恨、烦恼、恐惧等消极情绪联系在一起，构成嫉妒心理的独特情绪。

嫉妒有多种表现，诸如：红眼、醋意、怨怒、沮丧等，是一种私有观念低下心理的反应。人们一旦沾上了，轻者糊涂，重者还会干出蠢事，甚至违法乱纪，触犯刑律。嫉妒的人常自寻烦恼，既损人又害己。有些嫉妒者的心中，觉得别人成功了，会贬低自己，便千方百计贬低他人以求自慰。有些极端嫉妒者甚至感到：别人幸福是他的痛苦，别人遭殃令他畅快；别人的才能仿佛喉中鲠物，别人成功了，他便满肚苦水。

作为青少年，应将嫉妒转换为积极的因素，否则它会成为不幸的根源。

据报载，北京市海淀区法院曾经判过这样的一个案子：某知名大学心理学系的一位女研究生，将同宿舍的一个同学推上了被告席。原告与被告以前关系不错，堪称该系的一对姊妹花，两人的成绩不相上下，因此彼此又在暗中较劲。到第三年的时候，两人都参加了托福和GRE考试。原告成绩较理想，遂向美国一所著名大学提出申请，不久被告知每年可获得近2万美元的奖学金。原告高兴万分，等着对方的正式录取通知。结果被告考砸了，看到原告整天兴高采烈的模样，心中更加不快。她越想越有气，就生出了一条毒计。原告左等右等，迟迟不见正式通知的光临，就托在美国的同学去该校打听，校方说曾经收到她发来的一份E-mail表示拒绝来该校，因此校方只好将名额转给别人。原告闻此消息，如五雷轰顶，冥思苦想这到底是怎么回事。后来，她多方调查，才发现是被告盗用了她的名义，在心理系的机房发了一封拒绝函。原告怀着愤怒的心情，将此事诉诸法庭。

是什么害了上述案件中的两个少女？是嫉妒！

生活中，有些青少年见他人比自己成绩好、薪水高、荣誉多、职权大而郁郁寡欢、愤愤不平，甚至指桑骂槐、痛下黑手，最终造成悲剧。

嫉妒危害无穷：损害身心健康，影响人的情绪和积极奋进精神；容易使人产生偏见；影响人际关系，甚至反友为敌。

青少年要告别嫉妒心理，需做到以下几点：

1.学会宽厚、大度。君子坦荡荡，小人长戚戚。胸怀大度者，为人敬服。宋欧阳修在读了苏东坡的文章后，甘心为其让路；李斯特巧妙地以"偷梁换柱"，推荐了初出茅庐的肖邦。

2. 有自知之明，客观评价自己。当嫉妒心理萌发时，或是有一定表现时，要积极主动地调整自己的意识和行动，从而控制自己的动机和感情。这就需要冷静地分析自己的想法和行为，同时客观地评价一下自己，从而找出一定的差距和问题。

3. 培养自信，摒弃不公平感。有自信者不嫉妒。青少年应培养自信心，认识到自己的独特性，认识到自己的价值。

4. 快乐之药可以治疗嫉妒。快乐之药可以治疗嫉妒，是说要善于从生活中寻找快乐，就正像嫉妒者随时随处为自己寻找痛苦一样。

5. 远离虚荣。不贪图虚荣，我们就不容易嫉妒。

6. 自我转换法可以消除嫉妒心理。嫉妒可以使一个人萎靡不振，但是如果合理地自我转换，不把时间浪费在抱怨外在环境，就能变为发愤图强。作家爱德蒙德·威尔逊在看到同行写的《伟大的盖茨比》时，非常嫉妒其对戏剧场面的营造。但他马上将嫉妒转换成发奋，写出了许多充满激情、技巧高超的作品。

7. 自我抑制和宣泄。自我抑制，是治疗嫉妒心理的苦药；自我宣泄，是治疗嫉妒心理的特效药。

最好能找一个较知心的朋友或亲友，痛痛快快地说个够，暂求心理的平衡，然后由亲友适时地进行一番开导。虽不能从根本上克服嫉妒心理，却能中断这种不良心理朝着更深的程度发展。如有一定的爱好，则可借助各种业余爱好来宣泄和疏导，如唱歌、跳舞、书画、下棋、旅游等。

告别孤独的角落

忍受孤寂或者比忍受贫困需要更大的毅力，贫困可能会降低人的身价，但是孤寂却可能败坏人的性格。

——狄德罗

生活中，许多青少年性格孤僻、害怕交往，常常觉得自己是茫茫大海上的一叶孤舟，或顾影自怜，或无病呻吟。他们不愿投入火热的生活，却又抱怨别人不理解自己，不接纳自己。心理学家将这种心理状态称为闭锁心理，把因此而生的一种感到与世隔离、孤单寂寞的情绪体验称之为孤独。

有位孤独者倚靠着一棵树晒太阳，他衣衫褴褛，神情萎靡，不时有气无力地打着哈欠。一位智者由此经过，好奇地问道："年轻人，如此好的阳光，如此难得的季节，你不去做你该做的事，懒懒散散地晒太阳，岂不辜负了大好时光？"

"唉！"孤独者叹了一口气说，"在这个世界上，除了躯壳外，我一无所有。我又何必去费心费力地做什么事呢？每天晒晒我的躯壳，就是我做的所有事了。"

"你没有家？"

"没有。与其承担家庭的负累，不如干脆没有。"孤独者说。

"你没有你的所爱？"

"没有。与其爱过之后便是恨，不如干脆不去爱。"

"没有朋友？"

"没有。与其得到还会失去，不如干脆没有朋友。"

"你不想去赚钱？"

"不想。千金得来还复去，何必劳心费神动躯体？"

"噢！"智者若有所思，"看来我得赶快帮你找根绳子。"

"找绳子？干吗？"孤独者好奇地问。

"帮你自缢！"

"自缢？你叫我死？"孤独者惊诧了。

"对。人有生就有死，与其生了还会死去，不如干脆就不出生。你的存在，本身就是多余的，自缢而死，不是正合你的逻辑么？"

孤独者无言以对。

"兰生幽谷，不为无人佩戴而不芬芳；月挂中天，不因暂满还缺而不自圆；桃李灼灼，不因秋节将至而不开花；江水奔腾，不以一去不返而拒东流。更何况是人呢？"智者说完，拂袖而去。

故事告诉我们：物有盛衰，人有生死。顺应自然，走出孤独的阴影，投入地活着，相信自己的能力，实现自我的最大价值，才是人生应取的态度。

近日，北京青少年研究所发布了一项最新调查结果，发现34.9%的青少年对"孤独"感到担心、忧虑。负责该项调查的研究员介绍说，在这项历时一年，共访问了北京市 1000 名大、中学生的调查中，他们发现很多青少年经常提及"孤独"、"郁闷"之类的词。

孤独产生的原因多而复杂，比如学习上的挫折，缺乏与异性的交往，失去父母的挚爱，周围没有朋友等。此外，孤独的产生，也与人的性格有关。比如有的人情绪易变，常常大起大落，容易得罪别人，因而使自己陷入一种孤独的状态；还有的人善于算计，凡事总爱斤斤计较，考虑个人的得失太重，因此造成了人际交往的障碍。

孤独给人们带来的是种种消极的体验，如沮丧、失助、抑郁、烦躁、自卑、绝望等，因此孤独对人体健康有很大的危害。据统计，身体健康但精神孤独的人在 10 年之中的死亡数量要比那些身体健康而合群的人死亡数多 1 倍。人的精神孤独所引起的死亡率与吸烟、肥胖症、高血压引起的死亡率一样高。

以下是一些孤独心理的预警级心理活动：

1. 即使在欢快的场合，也很难被当时的气氛感染，仍然认为自己很孤单。

2. 觉得大多数人很难沟通，认为别人都不理解自己。

3. 过于内向，有什么心事没有一个能倾诉的人。

4. 认为人们都各怀鬼胎，不值得信任。

5. 心里很希望别人来接近你，但是自己却不采取主动。

6. 觉得自己是个多余的人。

一般来说，人的天性是不能忍受长期的孤独的，但是，有的人却自己将自己推至了孤独的境地。

其实，孤独并不可怕。一生之中，每个人都会或多或少地体验到孤独感。以下是克服孤独感的一些方法：

1. 战胜自卑。只有咬破自卑心理织成的茧，你才能冲出黑暗，远离孤独。

2. 为他人做点什么，让自己受欢迎。

3. 多交一些知心朋友，交流之中，你能够体会到友谊的温暖。

4. 多参与外界活动，开阔心胸。

5. 培养一些业余爱好，从中获得乐趣。

熄灭愤怒的火焰

如果在愤怒时说话，将会做出最出色的演讲，但却会令你终生感到悔恨。

——安布罗斯·比尔斯

生活中常常会遇到这样的事情：当你兴冲冲地赴同学的聚会却路遇交通阻塞，公共汽车上别人不小心踩了你一脚，你买东西时商场服务员对你极不礼貌……这时，你往往会不由自主地感到愤怒。

愤怒是一种常见的消极情绪，它是一个人对客观现实某些方面的不满，或者个人的意愿一再受到阻碍时产生的一种身心紧张状态。在人的需要得不到满足、遭到失败、遇到不平、个人自由受限制、言论遭人反对、无端受人侮辱、隐私被人揭穿、上当受骗等多种情形下，人都会产生愤怒情绪，愤怒的程度会因诱发原因和个人气质不同而有不满、生气、愤怒、恼怒、大怒、暴怒等不同层次。发怒是一种短暂的情绪紧张状态，往往像暴风骤雨一样来得猛，去得快，但在短时间里会有较强的紧张情绪和行为反应。

易怒者主要与其个性特点有关，大都属于气质类型中的胆汁质。胆汁质的人直率热情，容易冲动，情绪变化快，脾气急躁，容易发怒。易怒还与年龄有关，青少年年轻气盛，情绪冲动而不稳定，自我控制力差，比成年人更易发怒。

愤怒的情绪对人的身心健康是不利的。人在愤怒时，由于交感神经兴奋，使心跳加快、血压上升、呼吸急促，经常发怒的人易患高血压、冠心病等疾病。愤怒还会使人缺乏食欲，消化不良，导致消化系统疾病。而对一些已有疾病的患者，愤怒会使病情加重，甚至导致死亡。这一点古人早有认识，如中医认为"怒伤肝"、"气大伤神"等。

发怒很容易坏事。古代兵书中就有激将法，设法让对方发怒。暴跳如雷的怒者，很容易丧失理智而干出蠢事。《三国演义》上的张飞、关羽、周瑜几乎都是死在一个"怒"字上。当然，现实生活中因怒而坏事的例子，也并非少见。

历史上，许多杰出人物都善于制怒。

一天，陆军部长斯坦顿来到林肯的办公室，怒气冲冲地说，一位少将用侮辱的话指责他偏袒一些人。林肯建议斯坦顿写一封内容尖刻的信回敬那家伙。

"可以狠狠地骂他一顿。"林肯说。

斯坦顿立刻写了一封措辞激烈的信，然后拿给总统看。

"对了，对了。"林肯高声叫好，"要的就是这个！好好教训他一顿，真写绝了，斯坦顿。"

但是当斯坦顿把信叠好装进信封里时，林肯却叫住他，问道："你要干什么？"

"寄出去呀。"斯坦顿有些摸不着头脑了。

"不要胡闹。"林肯大声说，"这封信不能发，快把它扔到炉子里去。凡是生气时写的信，我都是这么处理的。这封信写得好，写的时候你已经解了气。现在感觉好多了吧，那么就请你把它烧掉，再写第二封信吧。"

除了借鉴他们的做法，生活中，青少年朋友还可以尝试以下建议，来及时熄灭愤怒的火焰：

1. 当你愤怒时，首先冷静地思考，提醒自己：不能一直消极地看待事物，自我意识是至关重要的。

2. 转移怒气。大多数转移注意力的活动都有助于平息怒气，例如阅读、看电视电影、听音乐等。

3. 独处。它能冷却怒气，也不会伤害别人。

4. 逃避。走入一个怒火不会再被激起的地方。

5. 当你不生气时，同那些经常受你气的人谈谈心，互相指出对方最容易使人动怒的那些言行，然后商量一种办法，平气静心地交流看法。比如可以写信、由中间人传话或一起去散步等，这样你们便不会以愤怒相待。其实，只要在一起多散几次步，你便会懂得发怒的荒谬了。

6. 当你发怒时，要提醒自己，人人都有权根据自己的选择来行事。如果一味禁止别人这样做，只会增加你的愤怒。你要学会允许别人选择其言行，就像你坚持自己的言行一样。

7. 请可信赖的亲友帮助你。让他们每当看见你动怒时，便提醒你。你接到信号之后，可以想想你在干什么，然后努力推迟动怒。

8. 不要总是对别人抱有期望。只要没有这种期望，愤怒也就不复存在了。

9. 让愤怒发泄出来。这里的发泄意在置换"愤怒源"。比如，当你听到某位同学说你的坏话时，你有冲上去揍他一顿的冲动，但是你不能那样做，你可以在怒气还未上升到极盛的时候，找个好方法把它清除掉。比如说你可以一个人摔一摔凳子、踢一踢桌子、打一打墙。如果你想大骂他两句的话，你可以找个没人的地方，仰天破口大骂，以解胸中怒气。

当然，不管是制怒也好，泄怒也罢，最重要的是，不但要学会如何排除掉愤怒的想法，还应当学会怎样把腾空了的地方装上健康和积极的念头与想法。比如，在调适愤怒之后，要做一次换位思考，或者想想下次怎样做可以和气处理，避免问题的激化。

祛除报复的毒素

> 一个伟大的人有两颗心：一颗心流血，一颗心宽容。
>
> ——纪伯伦

报复，指在社会交往中，有些人欲以攻击方式对那些曾给自己带来伤害或不愉快的人发泄不满。报复心理、行为不仅会对他人造成威胁和伤害，而且有害自己的身心。

2004年2月23日，云南大学发生了震惊全国的凶杀案。凶手马加爵用石锤杀害了4名同学。被抓获后他供认：由于学习压力、性格缺陷，他总觉得同学看不起他，在背后议论他的生活习惯甚至是个人隐私。一次，他和几个同学打牌，有人责备他作弊，让自己积蓄多年的怒气终于爆发……4条年轻而宝贵的生命，终因"报复"二字葬送，令人叹惋。

韩国的金大中，经过漫长岁月的奋斗和努力，终于在耄耋之年当上了韩国总统。在正式就职之后，他做了一件令世人敬佩的举动，就是公开在青瓦台总统府，招待了曾经迫害过他的4位前任韩国总统，包括全斗焕、卢泰愚、金泳三和崔圭夏。

在那场晚宴中，金泳三一直板着脸，沉默不语，而全斗焕和卢泰愚对金泳三则恨之入骨，根本不愿和他坐在一起，所以只好由国务总理坐在中间。而这位国务总理不是别人，就是当年的中央情报局局长，也是下令要暗杀金大中的人。当时若不是美国适时阻挡，金大中可能早就被装入麻袋，丢入海中淹死。

他以具体行动化解了政治仇恨，也展现了伟大的恕人之道。在轰动一时的光州大审中，他曾被政府判处死刑。当时他曾立下遗书，要求他的家人和同志不要报仇，让政治迫害就到他为止。

金大中的宽广心胸和宏伟的情操，赢得了人们的尊敬。

说起仇敌，很多人都磨刀霍霍，恨之入骨。对手使你不安，敌人使你愤恨，你总想能够给对手以报复而后快。

可是，报复给自己造成的伤害比伤到仇人的还要多。

对仇人的报复心理使你内心维持着一窝愤怒和狭隘。说些愤怒不止的话，医学上认为，长期性的高血压和心脏病就会如影随形，伴你度过痛苦的一生。你的内心的怒气充满心间，报复充溢四肢，内心和四肢也便缺乏对理想的执着与追求，事业成功将会遥遥无期。

一位名人说："为你的仇敌而怒火中烧，烧伤的是你自己。"

所以，青少年朋友要学会远离仇恨和报复。

忘记仇恨就是忍耐。同学的批评、朋友的误解、过多的争辩和"反击"实不足取，唯有冷静、忍耐、谅解最重要。"退一步，海阔天空"，说的就是这个道理。

忘记仇恨就是快乐。人人都有痛苦，都有伤疤，经常去揭，会添新创，学会忘却，生活才有阳光，才有欢乐。如果没有忘却，人不会快乐，只会淹没在对过去的懊悔、痛苦和对未来的恐惧、忧虑与烦恼之中。

忘记仇恨就是潇洒。"处处绿杨堪系马，家家有路到长安。"宽厚待人，忘记仇恨，乃事业成功、家庭幸福美满之道。事事斤斤计较、患得患失，活得也累。法国 19 世纪的文学大师雨果曾说过这样一句话："世界上最宽阔的是海洋，比海洋更宽阔的是天空，比天空更宽阔的是人的胸怀。"人难得在滚滚红尘中走一遭，何必寻找那么多的烦恼呢？

实际上，忘记仇恨还是爱他人、爱世界的一种方式。在现实生活中，你千万不要拿显微镜看待周围。人人都有不足，事事都有缺憾。但是瑕不掩瑜，只要我们忘记仇恨，不刻意追求完美，我们就会从中发现自己喜欢的方面。

青少年针对自身的报复心理，可采取以下几种方法来调解：

1. 学会用动机和效果统一的观点去衡量人的行为，这样可以减少许多不满情绪的产生，为报复心的萌生断了后路。可能他人的动机不坏，而方法有误，给你带来恶果，这时你就应该谅解。

2. 心理换位。当你受伤害或不愉快时，不妨进行一下心理换位，将自己置身于对方境遇中，想想自己会怎么办。通过这样的换位，你也许能理解对方的许多苦衷，正确看待他人给自己带来的挫折或不愉快，从而消除报复心理。

3. 多考虑报复的危害性。报复毕竟是对他人的一种伤害，每个人在出现报复的念头时务必要多考虑报复的危害性。报复行为会不会受到社会舆论的谴责？会不会触犯纪律或法律？如果你的良心约束不了你，那只有法律来束缚你。

4. 有报复心理的人一般心胸狭窄，易受情绪影响，且恶劣心境的作用强烈而漫长。所以，要加强自身修养，开阔心胸，提高自制能力，让自己在阳光雨露下生活。

多一点宽容，根除报复心理，我们将赢得更多的朋友。

学会给自己减压

所谓内心的快乐，是一个人过着健全的、正常的、和谐的生活时所感到的快乐。

——罗曼·罗兰

今天，青少年当中流行着一个词语：压力。一位从事压迫感研究 30 多年的心理学家说："现代人要么学会控制压力，要么走向事业的失败、疾病和死亡。"

1993 年 3 月 9 日，58 岁的上海大众公司总经理方宏跳楼自杀！

他走得很平静，他的家人及秘书没有发现一点异样，他们很难将他生前的行为与他的自杀联系起来。方宏洁身自好，没有政治问题，也没有经济问题，他的死让许多人百思不得其解。

方宏在事业上应当说是很成功的。他在出任总经理之前，曾任公司董事会秘书长兼大项目协调部经理。在企业的发展过程中，方宏付出了巨大的心血，人称"中国的艾柯卡"。方宏在产品制造方面达到了很高的造诣，被某著名大学聘为名誉教授。

随着事业的成功、地位的上升，方宏面临的压力也越来越大，心理负担也日益加重。他显得有些力不从心了，每晚都要靠安眠药帮助入睡。使他心力交瘁的是，1993 年公司的年产量要在 1992 年的基础上提高 35%，但资金方面存在较大的困难。此时与他感情笃深的夫人偏偏又患癌症，动了大手术……终于有一天，他将文件交给秘书时说："我想安静一会儿，请你们别来打扰。"16 分钟之后，方宏从五楼总经理室的窗口跳下，轰然坠地。

种种压力让方宏走上绝路。类似的事件还有很多：贵州习酒老总陈星国举枪自尽、香港影星张国荣跳楼身亡……

现代是一个竞争激烈、充满压力的时代。学生有课业升学的压力；工人有下岗再就业的压力；公务员有优胜劣汰的压力；商家有市场竞争的压力；就连退了休的人也有压力，有孤独的压力，有疾病的压力。人们之所以会产生压力，是由于一个人的某些需要、欲求、愿望遇到障碍和干扰，从而引发出心理和精神的不良反应。压力如同"水可载舟，也可覆舟"一样，既有好的一面，也有坏的一面。如果能把压力变成动力，压力就是蜜糖；如果把压力憋在心里，让它无休止地折磨自己，那就是砒霜。

压力过大，直接威胁着人的身体健康。人的神经系统和免疫系统紧密相连，神经系统一旦受到严重的冲击，首先会造成免疫系统的破坏，最终导致疾病产生，甚至对心理健康产生危害，导致青少年走上极端之路。

有关专家曾提出 10 种减压的方法，青少年朋友不妨借鉴：

1.呼出压力。感觉压力很重时，最简单、快速的方法就是做深呼吸，也就是深深地吸一口气，闭气 2～3 秒，再微微张开嘴巴，缓缓吐气，如此反复做几次，可使血液循环恢复正常，心跳减速，心情自然较为平静。

2.说出压力。感觉千头万绪，不知所措时，找一位知心好友，或专业辅导员，或有经验的长辈，说出内心的恐惧和问题。有时候，所面临的问题并不严重，只是在心慌意乱时无法冷静思考，如果能够经过倾吐、发泄，或听听别人的意见，而理清问题的症结所在，找出解决方法，即可豁然开朗。

3.写出压力。当面对复杂却又无法逃避的问题时，不妨写出来，然后再写出可能的解决方法。无论是否能达到目标，此种宣泄方式也可减轻内心的压力。

4.泡出压力。热水澡可以促进血液循环，使肌肉松弛，减轻压力。

5.甩出压力。开始先轻轻甩动手腕、手臂，再逐渐加大摆动幅度，甩掉手臂肌肉的紧张，再用同样的方法甩动双腿、躯干和颈部，使全身肌肉放松下来。

6.唱出压力。喜欢唱歌的人，可在感觉压力时，唱唱自己喜欢的歌，借由歌曲抒发心情。

7. 跑出压力。可在户外找个清静地方，慢跑或步行 20 ~ 30 分钟，使全身肌肉松弛，紧张压力随之而解。

8. 打出压力。如果压力是来自权威的力量而又无法当面发泄时，可找一个沙袋或布偶等痛打一阵，可适当舒解内心压力。

9. 坐出压力。禅坐也是可行的方法之一。不过，初学者必须先请专人指点正确坐姿和相关理论再尝试，如果方法正确，可在禅坐中，借由有规律的呼吸，将肌肉放松，同时使心灵宁静无杂念，让思绪清新。

10. 其他。其包括一些较情绪化的发泄，例如找一个旷野尽情呐喊，或者放声大哭，都可宣泄内心压力。

引爆杰出的头脑——开掘思维潜能

思维世界的发展，在某种意义上说，就是对惊奇的不断摆脱。

——爱因斯坦

常问几个"为什么"

真知灼见，首先来自多思善疑。

——洛克威尔

爱因斯坦曾说："提出问题比解决问题更重要。"常问几个"为什么"，对青少年一生的事业都将有所裨益。

据说，美国华盛顿广场有名的杰弗逊纪念大厦，因年深日久，墙面出现裂纹。为能保护好这幢大厦，有关专家曾进行了专门研讨。

最初，大家认为损害建筑物表面的元凶是侵蚀的酸雨。专家们进一步研究，却发现对墙体侵蚀最直接的原因，是每天冲洗墙壁所含的清洁剂对建筑物有酸蚀作用。而每天为什么要冲洗墙壁呢？是因为墙壁上每天都有大量的鸟粪。为什么会有那么多鸟粪呢？因为大厦周围聚集了很多燕子。为什么会有那么多燕子呢？因为墙上有很多燕子爱吃的蜘蛛。为什么会有那么多蜘蛛呢？因为大厦四周有蜘蛛喜欢吃的飞虫。为什么有这么多飞虫呢？因为飞虫在这里繁殖特别快。而飞虫在这里繁殖特别快的原因，是这里的尘埃最适宜飞虫繁殖。为什么这里最适宜飞虫繁殖呢？因为开着的窗阳光充足，大量飞虫聚集在此，超常繁殖……

结果，办法很简单，只要关上整幢大厦的窗户。此前专家们设计的一套套复杂而又详尽的维护方案也就成了一纸空文。

可见，逐步发问，探究其缘由，最终会找到一个最简单也最行之有效的方法。世界著名的日本本田汽车公司，曾经使用过提问创造性思维法来找出问题的最终原因，从而使问题得到根本的解决。

有一天，丰田汽车公司的一台生产配件的机器在生产期间突然停了。管理者就立即把大家召集起来，进行一系列的提问来解决这个问题。

问：机器为什么不转动了？

答：因为熔断丝断了。

问：熔断丝为什么会断？

答：因为超负荷而造成电流太大。

问：为什么会超负荷？

答：因为轴承枯涩不够润滑。

问：为什么轴承不够润滑？

答：因为油泵吸不上来润滑油。

问：为什么油泵吸不上来油？

答：因为油泵产生了严重的磨损。

问：为什么油泵会产生严重磨损？

答：因为油泵未装过滤器而使铁屑混入。

在上面的提问中，主管用"为什么"进行提问，连续用了6个"为什么"使问题得到根本解决。当然，实际问题的解决过程中并不会像上面叙述的那么顺利，但主要的思路是这样的。

在解决问题时，要多问几个为什么，做到"追根问底"，这样才能使问题得到根本的解决，尽可能地消除可能的隐患。

青少年想有所成就，就必须尽可能多地涉猎各方面的知识，取得多样的经验，拓宽自己的视野。在广泛猎获渊博知识的基础上，还要不时地梳理、归纳，形成合理的认知结构，建立知识间的各种联系。这就需要在思考问题时，要更快更好地提出问题。

多问"为什么"是丰富自己知识，完善自己的知识结构的基础，也是引导我们从新的角度对问题进行全面思考的方法，因此培养自己大胆提问并努力寻找答案的能力对创新来说是非常重要的。

青少年问"为什么"时，可参照如下两点：

1.我国教育学家陶行知先生在一首诗中这样说："我有几位好朋友，曾把万事指导我。你若想问其姓名，名字不同都姓何：何事，何故，何人，何如，何时，何地，何去，好像弟弟和哥哥。还有一个西洋派，姓名颠倒叫几何。若向八贤常请教，虽是笨人不会错。"青少年朋友不妨一试。

2.由美国陆军兵器修理部首创的 5W2H 法，诞生于第二次世界大战中，由于应用方便，易于理解、使用，富有启发意义，曾被广泛用于各项工作中，对于决策和执行性的活动措施也非常有帮助，也有助于弥补考虑问题的疏漏。

(1)WHY——为什么？为什么要这么做？

(2)WHAT——是什么？目的是什么？

(3)WHERE——何处？在哪里做？从哪里入手？

(4)WHEN——何时？什么时间完成？什么时机最适宜？

(5)WHO——谁？由谁来承担？谁来完成？

(6)HOW——怎样做？怎么做？如何实施？方法怎样？

(7)HOW MUCH——多少？做到什么程度？数量如何？质量水平如何？

这 7 问概括得比较全面，实际把要做的事情可能遇到的问题都包括进去了。

挣脱思维定式的束缚

不断变革创新，就会充满青春活力；否则，就可能会变得僵化。

——歌德

思维定式，简单来说，就是把对待事物的观点、分析、判断都纳入了程序化、格式化的套路，对具体问题的分析判断僵化、机械，从而失去了它的灵活性。

生活中，由于长期的知识、经验积累，思维定式有其积极意义。但一味地听之信之，人们将陷入困境。

天津"狗不理"包子久负盛名，在北方几乎是家喻户晓。但是，当它的分店开到深圳时，却大受冷遇。商家尽管不断加大宣传力度，多方开展促销活动，始终只能热闹一阵，难以吸引众人持续钟情于它。经营者面对尴尬的局面，深入街区调查，发现不是包子质量不好，也不是口味不好，而是深圳人对"狗不理"的名称太敏感了，心理上接受不了。经营者思之再三，忍痛摘下"狗不理"的牌子，换上"喜相逢"的匾额。此后，店里一改往日的冷清，门庭若市，效益也节节攀高，势不可当。

企业是这样，人、国家、世界也同样，不同的地区有不同的文化、观念和理念，习惯没有固定模式，需要我们因人而异、因地制宜，及时地改变自己的一些处世方式去适应环境。

第二次世界大战时期，盟军曾利用法西斯的思维定式，诱其进入陷阱。

1943 年，第二次世界大战进入白热化的程度。为了更有效地打击法西斯势力，同盟军决定给希特勒设个圈套。

实施这一计划的是盟军之中的英国方面。他们为了让阿道夫·希特勒彻底相信，盟军进攻的重点是萨迪尼亚和希腊的伯奔尼撒，而不是西西里，他们决定在海上漂浮一具尸体，在其口袋内装入与进攻计划有关的内容。

他们把实施这一计划的地点确立在西班牙海岸，因为那里的德国人活动频繁。如果一切进展顺利的话，尸体就会被德国人发现，那么假情报也就会使他们受骗上当。

英国人根据人们的思维定式，把所有的细枝末节都策划得天衣无缝，连尸体都真的像经历一场空难而掉进海里的一样。

经过仔细搜寻，他们终于找到了一具再合适不过的尸体，是名死于肺炎又暴尸荒野的男性，他们给他取名为威廉姆·马丁少校。

策划者们在尸体的口袋里装入的东西有戏票的票据、银行开出的一张透支通知单、几封未婚妻的情书，当然还有绝密的进攻计划。

在一个风平浪静的日子里，他们悄悄地将"马丁少校"送入了大海……

德军果然中计。几个月后，盟军在西西里登陆，发现敌人的兵力分散到了别处，从而轻而易举地赢得了成功。

可见，以旧思想、旧头脑去看待问题，容易误入歧途。

我们为青少年提供了以下一组摆脱思维定式的训练题。它的真正意义在于促使我们探索事物存在、运动、发展、联系的各种可能性，从而摆脱思维的单一性、僵硬性和习惯性，以免陷入某种固定不变的思维框架。

(1) 广场上有一匹马，马头朝东站立着，后来又向左转了270°。请问，这时它的尾巴指向哪个方向？

(2) 玻璃瓶里装着橘子水，瓶口塞着软木塞。既不准打碎瓶子、弄碎软木塞，又不准拔出软木塞，怎样才能喝到瓶里的橘子水？

(3) 钉子上挂着一只系在绳子上的玻璃杯，你能既剪断绳子又不使杯子落地吗？（剪时，手只能碰剪刀）

(4) 有 10 只玻璃杯排成一行，左边 5 只内装有汽水，右边 5 只是空杯。现规定只能动 2 只杯子，使这排杯子变成实杯与空杯相交替排列。如何移动 2 只杯子？

(5) 有一棵树，树下面有一头牛被一根 2 米长的绳子牢牢地拴着鼻子，牛的主人把饲料放在离树恰好 5 米之处就走开了。这牛很快就将饲料吃了个精光。牛是怎么吃到饲料的？

(6) 一只网球，使它滚一小段距离后完全停止，然后自动反过来朝相反方向运动。既不允许将网球反弹回来，又不允许用任何东西打击它，更不允许用任何东西把球系住。怎么办？

参考答案：

(1) 向下。

(2) 将软木塞压入瓶中。

(3) 杯子原本就挂在钉子上。

(4) 将左二、左四杯中的汽水倒入右二、右四的杯中。

(5) 绳子并未拴在树上。

(6) 将球向上抛。

青少年朋友，你按常规思路得到答案了吗？

思维定式会冻结你的心灵，阻碍你的进步，干扰你的创造能力。以下是对抗它的方法。

要乐于接受各种创意。要摒弃"不可行"、"办不到"、"没有用"、"那很愚蠢"等思想渣滓。要主动前进，而不是被动后退。

突破常规不仅要求打破传统思维，建立理性的思维，还要求青少年敢于幻想。

多假设一些以前不敢想的疯狂念头，并把它们相互比较，就可能找到一些奇妙的联系。

当你遇到一件事情时，要尽可能多地想出解决办法，并要经常进行这样的自我训练，熟练之后，再遇到事情时，就要从三种办法想起，然后是四种办法、五种办法……久而久之，你的思维模式就会发生改变。

有时不妨跟"门外汉"聊一聊，也许能帮你从新的角度去设想，从而使你的思路更开阔，使你能从另一个角度重新审视所思考的问题。

掌握几种思维方法

独辟蹊径才能创造出伟大的业绩，在街道上挤来挤去不会有所作为。

——布莱克

思维方法，简单地说就是思路，就是思考问题的路线、途径。思考问题都要遵循一定的路线途径，也就是都要运用一定的思维方法。碰到困难时，学会用正确的思维方法去思考，往往很轻易就找到了解决的方案。下面，我们简要地介绍几种常用的思维方法，供青少年朋友参照。

一、平面思维法

著名思维学家德·波诺认为："平面"是针对"纵向"而言的。"纵向思维"主要依托逻辑，只是沿着一条固定的思路走下去，而平面则偏向多思路地进行思考。为此，他打了一个通俗的比方：

在一个地方打井，老打不出水来。按纵向思考的人，只会嫌自己打得不够努力，而增加努力程度。而按平面思维法思考的人，则考虑很可能是选择井的地方不对，或者根本就没有水，或者要挖很深才可以挖到水，所以与其在这样一个地方努力，不如另外寻找一个更容易有水的地方打井。

"纵向"总是放弃别的可能性，所以大大局限了创造力。而"平面"则不断探索其他可能性，所以更有创造力。

有不少优秀的人，也在通过自己独特的方式来进行这种"换地方打井"的创造。

世界饭店业大亨希尔顿出身寒微，开始经营时只是一个有5个房间的小旅馆，因不景气转而开了一家小银行。他本小利微，维持生计也有困难。就在这时，他得知得克萨斯州发现了石油，有人开采石油一夜之间就成了百万富翁，这使他怦然心动，于是就筹集了37000美元到得克萨斯州去冒险。

当希尔顿来到得克萨斯州时，才知道他的这点钱，搞石油实在是杯水车薪、微不足道。失望之余，他来到一家旅馆住宿。谁知旅馆找不到房间，只好花钱睡在桌子上，这可是他以前开旅馆从未见过的现象。于是他决定在这里重操旧业，从一位被石油冲昏了头脑，一心想发石油财的老板那儿买下了"莫希来"旅馆。由于他经营得法，这个旅馆成了他辉煌事业的基石，以后便发展成了世界著名的饭店业大帝国。

二、侧向思维法

假设你是一家电影公司的职员，现在，公司要在另外一个城市开一家新的电影院，于是安排你做一件事情：在1～2天的时间内，帮公司寻找一个最适合开电影院的地方。你有把握在这么短的时间内找到吗？

众所周知，电影院生意要兴隆，首先得人气旺。而人气要旺，就必须将位置选择在人流量多、消费能力强的地方。

很多人面对这样的问题，很容易根据常规思维，用测算人流量的方法去解决，其中最直接的方法（正向方法），就是每天派人到各处实地考察，但这样需要耗费大量的时间和精力，短时间内得出结果根本不可能。还有一种办法就是请专门的调查公司去做调查，那花费肯定是不小的。除这两种方法外，还有没有更好的方法？

日本电影公司的一位高级管理者就遇到过这样的问题。但他只采用了一个非常简单的方法，就轻而易举地将问题解决了。

他是怎么做的呢？——带领自己的下属，到将要开设电影院的城市的所有派出所进行调查。调查的目标十分简单：哪个地方平时丢钱包最多，然后就选择丢钱包最多的地方开电影院。

结果，这家电影院成了电影公司开设的众多电影院中最火的一家。

做出这样选择的理由是什么？因为钱包丢失最多的地方，就是人流量最大、消费活动最旺盛的地方。

这位主管所采用的方法，就是侧向思维法。它的具体做法是：思考问题时，不从"正面"的角度去考虑，而是通过出人意料的侧面来思考和解决问题。

三、系统思维法

系统思维是一种逻辑抽象能力，也可以称为整体观、全局观。它的核心，就是从整体性原则出发，考虑问题时坚持立足整体、统筹全局、把握规律。运用系统思维，有利于解决较复杂、较繁多的难题，而收到一举多得、事半功倍的效果。

北宋人沈括的《梦溪笔谈补》中记叙的丁谓修宫就是运用了系统思维的一例。

北宋真宗时皇宫失火被毁，大臣丁谓受命重建。当时，建筑材料只能由水路运到汴河，距皇宫尚远，而建筑用土也要从很远处拉来，烧毁的瓦砾又需拉到郊外。针对此种情况，丁谓首先下令顺着皇宫前的大道开了一条长渠，将开渠的土用于建筑；而这条长渠又把汴河一直引到工地，运料船只就可以直接到达；皇宫修好后，再把瓦砾等回填到渠中，恢复了原来的大道。如此"一举而三役济，计省费以亿万计"。

四、联想思维法

联想思维是指人们在头脑中将一种事物的形象与另一种事物的形象联系起来，根据它们之间共同或类似的规律，从而解决问题的思维方法。

1944年4月，当时苏联红军决定歼灭盘踞在彼列科普的德寇，解放克里木半岛。4月6日，已进入春季的彼列科普突降大雪，放眼望去，大地一片银装素裹。苏联集团军炮兵司令在暖融融的掩蔽体里，注视着刚进来的参谋长，只见他双肩落满了一层薄薄的雪花，其边缘部分在室内的暖气中开始融化，清晰地勾画出肩章的轮廓。司令员突然联想到：天气转暖，敌军掩体内的积雪也将融化，为了避免泥泞，他们肯定要清除掩体内的积雪，暴露其兵力部署。于是，司令员立即命令对德军阵地进行连续侦察和航空摄像。苏联红军只用了3个多小时，就从敌军前沿阵地积雪出现湿土的情况中，推断出敌人的兵力部署。苏联红军立即调整了进攻力量，一举突破防线，解放了克里木半岛。

可见，运用好联想思维，能起到令人意料不到的效果。

五、超前思维法

超前思维，是指多角度、全方位地分析事物的历史和现状，从现实出发，认识未来，把握未来的发展趋势，获得常人不能得知的信息，从而提前做出正确判断的思维方式。它一旦被人们所掌握，就会对事业成功起巨大的推动作用。

第二次世界大战后，战胜国决定在美国纽约建立联合国。可是，在寸土寸金的纽约，要买一块地皮吧，刚刚成立的联合国机构还身无分文。让世界各国筹资，牌子刚刚挂起，就要向世界各国搞经济摊派，负面影响太大。况且刚刚经历了第二次世界大战的浩劫，各国政府都财库空虚，甚至许多国家都是财政赤字居高不下。联合国对此一筹莫展。

听到这一消息后，美国著名的家族财团洛克菲勒家族经过商议，便马上果断出资 870 万美元，在纽约买下一块地皮，将这块地皮无条件赠予了这个刚刚挂牌的国际性组织——联合国。同时，洛克菲勒家族亦将毗连这块地皮的大面积地皮全部买下。

对洛克菲勒家族的这一出人意料之举，当时许多美国大财团都吃惊不已，870 万美元，对于战后经济萎靡的美国和全世界，都是一笔不小的数目，而洛克菲勒家族却将它拱手赠出了，而且什么条件也没有。这条消息传出后，美国许多财团主和地产商名流纷纷嘲笑说："这简直是蠢人之举！"并纷纷断言："这样经营不出 10 年，著名的洛克菲勒家族财团便会沦落为著名的洛克菲勒家族贫民集团！"

但出人意料的是，联合国办公大楼刚刚建成完工，毗邻它四周的地价便立刻飙升起来，相当于赠款数十倍、近百倍的巨额财富源源不断地涌进了洛克菲勒家族财团。这种结局，令那些曾经讥讽和嘲笑过洛克菲勒家族捐赠之举的财团和商人们目瞪口呆。

洛克菲勒家庭的超前思维，真令人拍案叫绝。

六、发散思维法

发散思维又叫辐散思维、求异思维。根据已有信息，从不同角度不同方向思考，从多方面寻求多样性答案的一种展开性思维方式。

发散思维是不依常规，寻求变异，对给出的信息从不同角度，向不同方向，用不同方法或途径进行分析和解决问题的。没有想象和联想思维能力，就无法形成发散思维。发散思维是创新思维最重要的成分之一。

在一次欧洲篮球锦标赛上，保加利亚队与捷克斯洛伐克队相遇。当比赛剩下 8 秒钟时，保加利亚队以 2 分优势领先，一般说来，已稳操胜券。但是，那次锦标赛采用的是循环制，保加利亚队必须赢球超过 5 分才能取胜。可是，仅用剩下的 8 秒钟再赢 3 分，谈何容易。

这时，保加利亚队的教练突然请求暂停。许多人对此举付之一笑，认为保加利亚队大势已去，被淘汰是不可避免的，教练即使有回天之力，也很难力挽狂澜。

暂停结束后，比赛继续进行。这时，球场上出现了众人意想不到的事情，只见保加利亚队员突然运球向自家篮下跑去，并迅速起跳投篮，球应声入网。这时，全场观众目瞪口呆，全场比赛时间到。但是，当裁判宣布双方打成平局需要加时赛时，大家才恍然大悟。保加利亚队这出人意料之举，为自己创造了一次起死回生的机会。加时赛的结果，保加利亚队赢得了6分，如愿以偿地出线了。

七、逆向思维法

逆向思维，指不同于习惯和常规的思维，即思考和解决一个问题不是从习惯的正面入手，而是"倒过来想"、"反其道而行之"，或从某个侧面切入，从而找到新视角、新突破口。对于这种方式，人们已经不陌生了，然而一旦遇到具体的实际问题，人们还是习惯用常规思维，很多本来可以解决的问题，也就被人们看成无法做到、难以解决的问题了。

按照古代寓言中的记载，谁能解开奇异的高尔丁死结，谁就注定成为亚洲王。

所有试图解开这个复杂怪结的人都失败了，后来轮到亚历山大来试一试。他想尽办法要找到这个结的线头，结果还是一筹莫展。后来他说："我要建立我自己的解结规则。"他拔出剑来将结劈为两半。他成为亚洲王。

每一种文化、行业和机构都有自己看世界的方式。新的观念、好的主意常常来自拦腰截断那些习惯而成的思维疆界，把目光投向新的领域。正如一位名人所说："任何人都能在商店里看时装，在博物馆里看历史。但是具有创造性的开拓者在五金店里看历史，在飞机场上看时装。"

世间万事万物都是相互联系的，人们掌握的知识也是多门类多学科的，因此，面对一个思维对象，不能更不必仅仅局限于传统习惯，不能更不必死守一个点。学会反转一下大脑，你的未来之路将越走越开阔。

青少年在反转大脑、标新立异时，可借鉴以下几点：

1. 鼓励自己怀疑、反驳、否定前人包括自己在内的理论和既定的做法；鼓励自己向专家、学者以及自己提出挑战；鼓励自己敢于突破旧框框，超越一般人。

2. 勇敢地发表自己的见解，在科学和真理面前，相信科学，服从真理，与老师与前辈建立民主、平等的学术或工作关系。

3. 要大胆地走自己的路，只要认准了，不管别人怎么说，如何嘲笑，都应义无反顾地向前走，去夺取最终成功，而不能半途而废。

青少年朋友，多掌握几种思维方法，相信对你的人生和事业将大有裨益。

抓住灵感的火花

灵感是个不喜欢拜访懒汉的客人。

——列宾

青少年朋友，当灵感如闪电、如火花一般在你脑中飞过，你能牢牢地抓住它吗？

灵感，又称顿悟，它是一种高度复杂的思维活动，是人们在实践活动中因思想高度集中而突然表现出来的一种精神现象。在创新性思维酝酿构思阶段，由于某种事物或现象的启发，促使创造者茅塞顿开，一下子突破了思维上的障碍，使思维跃进到明朗阶段，这种突变式的思维形式就称为灵感思维。

清代书法家郑板桥未成名时，成天琢磨前辈书法大家的字体，总想写得与前辈书法家一模一样。一天晚上睡觉，他用手指先在自己身上练字，朦胧之中手指写到妻子身上，妻子被惊醒，生气地说："我有我体，你有你体，你为何写我体。"妻子的话使他恍然大悟：应该自成一体，不能一味学人。在这种思想指导下，他刻苦用功，朝夕揣摩，最终成了我国著名的书法家。

苏联火箭专家库佐寥夫为解决火箭上天的推力问题，而茶饭不思、寝食不安，妻问其故后说："此有何难？像吃面包一样，一个不够再加一个，还不够，继续增加。"他一听，豁然开朗，采用三节火箭捆绑在一起进行接力的办法，终于解决了火箭上天的推力难题。

可见，抓住了灵感，你就抓住了通向成功大门的金钥匙。

有个公务员叫杰克，繁忙的工作之余最大的爱好便是溜冰。收入微薄的杰克为到溜冰场溜冰花费了不少钱，手头非常拮据。杰克最向往冬天，因为冬天可以到冰天雪地"免费"溜冰。可是春天一来，这些天然溜冰场便消失了。

有什么补救的办法呢？杰克针对"冰天雪地"冥思苦想，除了想到人工制造冰场的方案外，也没有什么好的办法。即使有了人工冰场，皮夹子空空的杰克也只能望场兴叹。

一天，杰克的头脑中突然闪过一个念头：我干吗老在"冰场"上兜圈子呢？溜冰溜冰不就是一个溜字吗？只要能让人的身体溜来溜去，不就是一种乐趣吗？

于是，杰克开始集中思考怎样让人"溜"起来。他在观察了会溜的玩具汽车后，突然一个灵感涌上来："要是在鞋子底面装上轮子，能不能代替冰鞋？这样的话，一年四季都可以溜冰了。"

经过几个月的努力，杰克终于把这种鞋做出来了。不久，他便与人合作开了一家工厂，专门生产这种被称为旱冰鞋的产品。他做梦也没想到，产品一问世，就成为世界性商品。没几年的工夫，杰克就赚进了100多万美元。

因为一个灵感，杰克发明了旱冰鞋，不仅方便了他人，自己也因此得到了丰厚的回报。

青少年思维活跃、灵感很多，但时常任其白白流逝，可采取以下计划来发掘捕获灵感：

1. 随时记录灵感。由于灵感具有稍纵即逝的特点，如果不及时记录，过后恐怕很难再回忆起来。所以许多杰出人物都非常重视灵感的记录。

托尔斯泰说："身边永远要带着铅笔和笔记本，读书和谈话时想到一些美好的地方、语言都要把它记下来。"

果戈理有一本厚达400多页的"万宝全书"，里面什么内容都有，上至天文地理，下至生活琐事，有时他外出散步，当听到或临时想起什么趣事，就快速跑回家，翻开这本"万宝全书"记下来。

法国物理学家安培有一次走在巴黎的大街上，忽然灵感油然而生，便在地上捡起小土块，在停在街边的一辆马车后板上演算了起来。

贝多芬有一次散步时忽然来了灵感，便蹲在地上写了起来，行人看见有人挡在路中央自然十分生气，但当大家看清是贝多芬时，便都停止了脚步，一直到贝多芬写完。

2. 多问自己几个"为什么"。如果不通过向自己提问许多"为什么"，历史上那些杰出人物就不会产生创新性的见解。

他们总是透过所有的表面现象去寻找真正的问题。他们从来不把任何事情看作理所当然的结果。

那些不明确的，看来似乎是一时冲动之中提出来的问题，往往包含着更多的创新性思维的火花。

3. 经常表达出自己的想法。青少年一旦有了想法，不管是什么样的想法，都要表达出来。如果是独自一人，就对自己表达一番；如果身处群体之中，就告诉其他人共同进行探讨。

你想要有创造力，就必须照料好大脑里每一株"杂草"，把它们当作一株株有潜在经济价值的新作物。

把你的不寻常的离奇想法说出来，把它们从头脑中解放出来。使你有机会更仔细更充分地去审视、探索和品味，去发现它们真正的实用价值。

4.永远充满创新的渴望。满足于现状，就不会渴望创造。时时保持创新的激情，灵感才可能出现。

展开想象的翅膀

想象力比知识更重要，因为知识是有限的，而想象力概括着世界的一切，推动着进步，并且是知识进化的源泉。

——爱因斯坦

对于青少年朋友的丰富想象力，有人说它脱离实际、毫无价值。其实，这是一种片面的理解。人类离不开想象，它对现实生活有着推动和促进的作用，对科技的发展、文艺的繁荣、社会的进步有着功不可没的价值。

1861年，素有"科幻小说之父"之称的法国著名作家凡尔纳，曾在一部小说里描绘了以下想象：美国的佛罗里达州将设立一个火箭发射站，火箭从这里发射，飞往人们心仪已久的月球，他还具体描述了飞行员在宇宙飞船中失重的情景。

令人感到不可思议的是，刚好过了100年，到1961年，美国真的在佛罗里达州发射了人类第一艘载人宇宙飞船。而且，宇航员在太空的许多失重情景，竟和凡尔纳在想象中描写的差不多。

不仅如此，直升机、雷达、导弹、坦克、电视机等，也都在凡尔纳的小说中有了雏形。

第二次世界大战初期，德国人制造的潜水艇，与凡尔纳小说中描绘的相差无几。

第一个把宇宙火箭送上天空的俄国科学家齐奥尔科夫斯基，也是从凡尔纳的小说《从地球到月球》里得到启示的。

可见，想象能打破传统的束缚，创造出辉煌的成就。

罗特是一家制瓶厂的设计师。他有一位女友，身材健美且爱好打扮。一天，女友穿了一套膝盖上面部分较窄、腰部显得很有魅力的裙子来厂里看他。一路上，人们频频回头欣赏着这条裙子。

罗特也注意到这条裙子，他越看越觉得线条优美。他想，要是制成这条裙子形状的瓶子也许销路会不错。想到这里，他马上转身跑回设计室，连声"再见"也没说。女友也感到十分奇怪，很不高兴地独自走了。

罗特回到设计室就在图纸上画了起来。后来，这种瓶子制造出来以后，不仅外形美观，而且里面的液体看起来比实际分量要多。

不久，美国可口可乐公司看中了这种瓶子，并且以600万美元的高价收买了这项专利权。

生活中，许多东西的发明都是得益于另一东西的启发，因此，要想有所成就，就需培养由此到彼的想象能力。

爱因斯坦曾说："想象力远比知识更重要。"

智慧比知识的水平更高。因为智慧就是创造力。那么，决定创造范围的想象力当然比知识更重要。但我们必须记住，知识是基础，也是绝不容忽视的。

为了使人类社会有更大的发展，我们需要极大的想象力。这就要求我们必须不断地进行思考训练，使自己的思想有飞跃的空间。由此，我们可以获得丰富的想象力。

拿破仑说："想象支配人类。"只要我们的想象力不衰竭，我们的创造力就永不会枯竭。致使人生能够长久地停留在"保鲜期"，保持活跃的思想、敏捷的行动，将"成功"事业进行到底！

青少年在加强想象力的培养方面，应注意以下几点：

1. 在看到或听到故事或者任何事件的过程中，也要不断练习猜想的能力，多为下一步、下几步想想，养成预测的习惯，这有益于想象力的开发与培养。

2. 凡事都要问个为什么，养成好奇的习惯。这是激发想象的源泉，也是推动想象力发展的动力。

3. 想象的材料来源于客观现实，只有对现实认真观察，才能在头脑中留下关于客观事物的感性形象，感性形象太少，想象就难以丰富。

4. 比喻和类比是想象力的花朵。一般来说，善于打比方的人想象力都比较活跃，所以，平时在讲话和写作中，你不妨多用一些比喻和类比。

发掘无限的潜能

> 脑袋里的智慧，就像打火石里的火花一样，不去打它是不肯出来的。
>
> ——莎士比亚

王京，一个普通农民的儿子，9 岁读完小学，14 岁获得全国奥林匹克数学竞赛一等奖，考入中国科技大学少年班；15 岁以高分考取清华大学。但当他得知将要录取他的是自己没有填报的并不喜欢的专业，他就毅然放弃了。第二年，王京以更优异的成绩，考入了清华大学生物医学工程专业，实现了自己的梦想。他的故事告诉人们：每一个青少年的潜能都是巨大的。青少年成长的过程，就是他潜能释放的过程。谁释放得最充分，谁的人生就最辉煌。

少年爱迪生曾被学校教师认为愚笨而失去了在正规学校受教育的机会。可是，他在母亲的帮助下，经过独特的心脑潜能的开发，成为世界上最著名的发明大王，一生完成 2000 多种发明创造。他在留声机、电灯、电话、有声电影等许多项目上进行了开创性的发明，从根本上改善了人类生活的质量。这是人的潜能得到较好开发的一个典型。

著名的苏联学者兼作家伊凡·业夫里莫夫指出："一旦科学的发展能够更深入了解脑的构造和功能，人类将会为储存在脑内的巨大能力所震惊。人类平常只发挥了极小部分的大脑功能，如果人类能够发挥一半的大脑功能，将轻易地学会 40 种语言，背诵整本百科全书，拿 12 个博士学位。"这种描述并不夸张。

人类的大脑是世界上最复杂，也是效率最高的信息处理系统。别看它的重量只有 1400 克左右，其中却包含着 100 多亿个神经元；在这些神经元的周围还有 1000 多亿个胶质细胞。人脑的存储量大得惊人，在从出生到老年的漫长岁月中，我们的大脑以每秒钟 1000 个信息单位的速度记录信息。现代科学研究表明，像爱因斯坦那样伟大的科学家，也只用了自己大脑的 1/10 的功能，绝大部分脑细胞仍处于待业状态。而最新的研究更进一步指出，以前人们对头脑的潜能估计太低，我们根本没有运用头脑能力的 1/10，甚至连 1/100 也不到。

青少年朋友，无论用何种方法，通过何种途径，一旦潜能被激发后，你的行为一定会大异于从前，你就会变成一个大有作为的人。

潜能不管多么巨大，如果任凭它永远沉睡，不去唤醒它、点燃它、引爆它，就不会产生实际效用，没有半点价值。只有实现由潜能到显能的转化，变巨大潜能为巨大实力，才能够获得成功。要实现这一根本性的转化，青少年需注意：

1. 培养良好的心理品质。它对开发人的潜能作用重大。

2. 提高身心健康水平。身心不健康，人的智力活动将受到压抑。

3. 学会学习。科学学习、创新学习、全脑学习、全身心学习等能使人更有效地发挥出自己的潜能。

4. 在使用中开发潜能。笛卡儿说："评价一个人不应当根据他的才能，而应当根据他怎样善于发挥才能。"

摩西老母在80岁时才发现并利用自己的绘画天才而成了画家。她的绘画天才绝对不是80岁时才突然具有的，很可能她早在几十年前就已经具备了这种能力，只是没有使用，结果连自己也未能认识到。

5. 选准最易突破的一点。面对种类繁多的各种潜能，并不需要对每一种潜能都投入完全一样的时间成本、精力成本去开发，那不仅分散了有限的精力，也很不现实。我们在全面了解、重视整体潜能的同时，应根据自己的优势，集中力量，选准一种关键潜能进行开发，取得突破，这样就能盘活整体潜能。

6. 承受适当的压力。人往往都有惰性，只有在一定的压力下，才能最大限度地开发自身的潜能。压力是促使进步的最好动力。

7. 根据自身的天赋、资质等客观条件开发潜能。人人都有自己的优势才能，人人都有自己的最佳发展区。最新教育观提出：由于每个人的特点不同，"每个人都应当有自己的课程"。每个人一定要根据自身特点，设计出自己开发、利用潜能的蓝图。

让口才价值百万——增值语言资本

一言之辩，重于九鼎之宝；三寸之舌，强于百万之师。

——刘勰

戒除不文明语言

礼貌经常可以替代最高贵的情感。

——梅里美

时下，新词、流行语漫天飞舞。当中不乏粗俗与低劣者。走在大街上，三三两两的少男少女从你身边经过，或衣饰光鲜，或青春动感，或美貌动人。然而，他们那一口不文明的语言，令人心生厌恶、敬而远之。

自由与个性，并不代表随心所欲、丢弃文明、优雅。语言运用不当，也可能在交际中失败，以致损害了自己的形象。

一位新秀歌手在一次演唱大奖赛中夺得头名。主持人问这位激动的歌手有什么感受时，他说："今天我博得了第一名非常高兴，我赌得了奖金，而且也赌到了名声。""赌"字一出口，全场一片哗然，嘘声不断，在这种公开的场合如此说话，只会给人以粗俗浅陋之感，致使"新秀"形象在观众心中大打折扣，并在潜意识中了解到了他的参赛动机与人品。

101

中国有句话说："与君一席话，胜读十年书。"跟那些具有优雅口才的人交谈，比喝了醇酒更令人兴奋，文明良好的话语可以带给人愉悦和激动，增进人们之间的感情交流。

在社交场合，青少年应尽量选择温和、亲切的语调、语气，以显示你的友善。同样的话语，如果使用的语调、语气不同，表达的意思也不同。同样是一句"对不起"，可以表示致歉或友善的情感，也可以表示威胁或讽刺、挖苦。许多青少年对长者不喊"大爷"、"大妈"、"先生"，而是叫"老头"、"老太婆"之类的俗称；对幼者不是用"小朋友"、"小同学"之类称呼，而是用"小把戏"、"小东西"、"小家伙"，这样的俗称有时用在家庭或朋友间倒也未尝不可，但与人接触之初就不行了。

鲁迅先生在半个多世纪之前写过一篇杂文，名之为《论"他妈的"》，批评中国的不少人，就连父与子、幼与长都用"他妈的"，对此，鲁迅感慨万千地称之为"国骂"，他说："其实，很多中国人之中，并不随口骂人的多得很，不应该将上海流氓的行为加在他们身上。"我们一定要把讲粗话这种"流氓恶习"彻底铲去，如同古人所说的那样："刻薄语，秽污语，市井气，切戒之。"

总之，作为有文化、有知识、有教养的现代青少年，在交谈中，一定要使用文明优雅的语言。下述语言，绝对不宜在交谈之中采用。

1. 粗话。有人为了显示自己为人粗犷，出言必粗。把女孩子叫"小妞"，把名人叫"大腕"，把吃饭叫"撮一顿"。讲这种粗话，是很失身份的。

2. 脏话。讲脏话，即口带脏字，讲起话来骂骂咧咧，出口成"脏"。讲脏话的人，非但不文明，而且自我贬低，十分低级无聊。

3. 怪话。有些人说起话来，怪里怪气，或讥讽嘲弄，或怨天尤人，或黑白颠倒，或耸人听闻，成心要以自己的谈吐之"怪"而令人刮目相看，一鸣惊人。这就是所谓说怪话。爱讲怪话的人，难以令人产生好感。

4. 黑话。黑话，即流行于黑社会的行话。讲黑话的人，往往自以为见过世面，可以吓唬人，实际上却显得匪气十足，令人反感厌恶，难以与他人进行真正的沟通和交流。

5. 荤话。荤话，即说话者时刻把艳事、绯闻、色情之事挂在口头，说话"带色"、"贩黄"。爱说荤话者，只不过证明自己品位不高，而且对交谈对象不尊重。

6. 气话。气话，即说话时闹意气，泄私愤，图报复，大发牢骚、指桑骂槐。在交谈中说气话，不仅无助于沟通，而且还容易伤害人、得罪人。

多来点幽默

幽默是生活波涛中的救生圈。

——拉布

青少年朋友，你是一个幽默的人吗？

在社会生活中，幽默是无处不在的。幽默是语言的润滑剂，如果你善于灵活运用，必将为你的生活带来无穷的乐趣。

幽默是人际交往中的磁石，可以将你周围的人吸引到你身边来；幽默也是转换器，可以将痛苦转化为欢乐，将烦闷转化为欢畅。每个人都喜欢与机智幽默的人做朋友，而不情愿与忧郁沉闷、呆板木讷的人交往。

人际交往中，磕磕碰碰在所难免，遇到棘手的问题或尴尬的场面，恰当地运用幽默，能产生神奇的效果。

小镇上一家酒馆老板脾气暴躁，听不得半句坏话。一次，一个过路人在此喝酒，刚喝一口，就忍不住叫起来："酒好酸。"老板听后大怒，吩咐伙计操起棍子打人。这时又进来一位顾客，问："老板为什么打人？"老板说："我卖的酒远近闻名，这人偏说我的酒是酸的，你说他该不该打？"这个人说："让我尝尝。"刚尝一口，那人眼睛、眉毛都挤在一起，脱口说道："你还是把他放了，打我两棍子吧。"大家哄堂大笑，一句诙谐的话语平息了一场纠纷。

在现代人际交往中，幽默感越来越重要，甚至被誉为没有国籍的亲善大使。

在中国内地素有"巴蜀鬼才"之称的魏明伦到我国台湾做文化访问时，与闻名海内外的台湾奇才李敖相见。

李敖："欢迎魏先生，我是李敖。"

许博允（音乐家，李、魏会面的牵线人）："你们两位都是鬼才，这次会面，真可说是'鬼'撞'鬼'了，哈哈。"

魏明伦："不敢当不敢当，李敖先生是大巫，我是小巫，今天是小巫见大巫。"

李敖："巫山在四川，魏先生从四川来，大巫自当是魏先生。"

许博允打趣李、魏见面是鬼撞鬼，而魏明伦更正说是"小巫见大巫"，这样，魏明伦既回应了许博允的打趣，又表达了自谦，可谓一举两得。而李敖的表现，出言也是相当俏皮，他以魏明伦来自四川的原因，谦称"大巫自当是魏先生"。这么一来，三人会谈的场景仿佛就在眼前，不由得使我们感受到一股春风拂面般的欢畅。而这，自然要归功于三人幽默风趣的谈吐。

语言幽默的人在社交中往往大受欢迎。最能聚集人脉的人常常就是颇具幽默的人。

我们都喜欢幽默的人，但并不是每个人都会使用幽默。相反，有许多人认为幽默是上帝赋予的先天禀赋，后天无法获得。其实，幽默是可以后天获得的。

对生活丧失信心的人不可能再运用幽默的资源，整天垂头丧气的人也无法体会幽默的妙用。因此，能够幽默的人首先应该充满对生活的期望和热爱，自信地对己对人，即使身处逆境，也是快乐的。

要使自己变得幽默，快乐是幽默的源泉，保持快乐，不仅可以带给自己幽默，还可以让别人幽默起来。怎样才能保有"快乐"呢？秘方之一是自娱自乐。这一点每个人都会，但最好不要应付了事。即使心情忧郁时，也找点自己愿意做的事，给情绪添点欢乐的色彩。

幽默是可以学习的，因此为了开发自己的幽默资源，就必须先进行"投资"。多读些民间笑话、讽刺小说，多看一些喜剧，多听几段相声，随时随地收集幽默笑话。你可以将幽默、有趣的文章剪贴，并加以分类归档。

周围世界中充满了幽默，你要睁大眼睛去观看，并且竖起耳朵去倾听。

幽默来源于两个世界，一个是你真诚的内心世界，一个是生活中周围的客观世界。当你用智慧把两个世界统一起来，并有足够的技巧和创造性的新意去表现你的幽默力量，你就会发现自己置身于趣味的世界中，人际关系也由此会顺畅起来，离成功也就不远了。

另外，青少年朋友在运用幽默口才时应注意以下几个问题：

1. 注意场合。因在不适当的场合展示所谓的幽默，会造成不良的影响，甚至是严重后果。

美国前总统里根有一次在国会开会前，为了试试麦克风是否好用，张口便说："先生们请注意，5分钟之后，我将宣布对苏联进行轰炸。"一语既出，众皆哗然。里根在错误的场合、时间里，开了一个极为荒唐的玩笑。为此，苏联政府提出了强烈抗议。

2. 要区别对象。就像音乐是给会欣赏音乐的人听的，绘画是给会品味绘画的人看的一样，找错了对象的幽默难免会造成双方的难堪。

3. 与残疾人开玩笑要注意避讳。俗话说："不当着和尚骂秃子，瞎子面前谈灯。"拿他人的缺陷、不足开玩笑，会伤害对方。

4. 内容要健康，格调应高雅。

5. 态度要友善。冷嘲热讽地开玩笑，别人会产生反感。

6. 和异性、不同辈分的人开玩笑要适当，"荤段子"尽量不说。

7. 不可板着脸开玩笑。

8. 不要以为捉弄他人也是幽默。别人会误以为你是恶意的而令你祸从口出。

9. 不可总大大咧咧地开玩笑，让人觉得你不够成熟、踏实、庄重。

选择恰当的时机开口

说得多不如说得巧。

——谚语

青少年与人交谈时，请人办事常遇到此类情况：想说某些话，却又忽略必要的时机。时机不对，双方或陷入僵局，或毫无成效。

时机，指双方能谈得开、说得拢的时候，双方愿意接受的时候。

孔子在《论语·季氏》里说："言未及之而言谓之躁，言及之而不言谓之隐，不见颜色而言谓之瞽。"这句话的意思为：

一是不该说话的时候说了，叫作急躁。

二是应该说话的时候却不说，叫做隐瞒。

三是不看对方的脸色变化，贸然信口开河，叫做闭着眼睛瞎说。

这三种毛病都是没有把握说话的时机，没有注意说话的策略和技巧。因为说话是双方的交流，不是一个人的单方面行为，它要受到诸如说话对象、设定时间、周边环境等种种限制，所以说话要把握时机。如果该说的时候不说，时境转瞬即逝，便失去了成功的机会。同样的，如不顾说话对象的心态，不注意周边的环境气氛，不到说话的火候却急于抢着说，很可能引起对方的误解，甚至反感。如果信口开河，乱说一通，后果就更加严重。

唐朝的王珪身为侍中，就善于抓住时机劝谏太宗。

一次，庐江王李瑗谋反被唐太宗镇压，李家被满门抄斩。但李瑗的小妾是位美人，太宗不忍杀她便据为己有。满朝大臣都觉得太宗这样做极不合适，但没有人敢站出来直接指责皇上，那样会掉脑袋的。

这一天，李世民跟王珪谈话。王珪注意到那位美人就侍立在李世民的身旁。李世民指着美人说："这是庐江王李瑗的妾，李瑗杀了她的丈夫而娶了她。"

王珪听后，立即反问道："那么，陛下认为庐江王这样做对还是不对？"

李世民答道："杀人而后抢人妻子，是非已经十分明显，卿何必还要问呢？"

王珪答道："今天，庐江王因谋反被杀，可是，这个美人却为陛下占有，所以，我认为陛下肯定认为李瑗做得对。"

李世民听了，深感惭愧，立刻把美人送还她的家族，同时对王珪的言谈大加赞赏。

青少年朋友，怎样抓住恰当的时机开口呢？

1. 在对方情绪高涨时。人的情绪有高潮期，也有低潮期。当人的情绪处于低潮时，思维就显现出封闭状态，心理具有逆反性。这时，即使是最要好的朋友赞颂他，他也可能不予理睬。而当人的情绪高涨时，其思维和心理状态与处于低潮期正好相反，此时，他比以往任何时候都心情愉快，说话和颜悦色，内心宽宏大量，能接受别人对他的求助，能原谅一般人的过错；也不过于计较对方的言辞，同时，待人也比较温和、谦虚，能程度不同地听进一些对方的意见。因此，在对方情绪高涨的时候正是我们与其谈话的好机会，切莫坐失良机。

2. 当对方向你征询意见或遇到困境而意识到失误时，是你说话的一个良机。当然，要注意委婉、迂回。

3. 在为对方帮忙之后。中国人历来讲究"礼尚往来"、"滴水之恩当以涌泉相报"。在你为他帮了一个忙后，他就欠下了对你的一份人情，这样，在你有事求他帮忙的时候，他必然要知恩图报。在不损伤对方利益的前提下，他能做到的事情，一般情况下会竭尽全力去帮助你。

4. 只要留心，找到适于交谈的时机并不是难事。比如说：在公共场所，或有其他朋友、同事在场时，应避免谈论一些涉及隐私或敏感的话题。

礼貌待人

上什么山，唱什么歌。

——谚语

俗话说："到什么山唱什么歌，见什么人说什么话。"青少年在说话时，一定要看清对象。说话不看对象，往往会给他人留下坏印象，甚至伤害他人。

我们说话的对象是社会上的各种人，他们年龄、性别、性格、脾气等各不相同，他们各有不同的思想认识。各人所处的地位不同，对同一事物的理解是有差异的，说话的分寸也就要根据各种人的地位、身份、文化程度、语言习惯来做不同的处理。例如在日常生活中，对同辈人与对长辈（或上级）、对陌生人与对知己、对不同性别的人说话都应讲究分寸，要礼貌待人。

具体而言，青少年应该注意以下几点：

一、注意对方的身份

说话一定要注意对方的身份，对领导要尊敬，对同学、同事要有礼貌，否则的话，会制造很多不必要的麻烦。

二、注意对方的特点

鬼谷子曾说，和聪明的人说话，需凭见闻广博；与见闻广博的人说话，需凭辨析能力；与地位高的人说话，态度要轩昂；与有钱的人说话，言辞要豪爽；与穷人说话，要动之以利；与地位低的人说话，要谦逊有礼；与勇敢的人说话不要怯懦；与愚笨的人说话，可以锋芒毕露。

《论语》上讲了这样一个故事：一次，子路问孔子："学了礼乐，就可以行动起来吗？"孔子说："有父兄在，怎么就行动起来呢？应当先听听父兄的意见才好。"接着冉有问同样的问题时，孔子却说："好啊，学了礼乐，就应该马上行动起来嘛！"孔子的另一位学生公西华对此疑惑不解，就此向孔子请教。孔子说："冉有这个人平常前怕狼后怕虎的，要鼓励他勇往直前。而子路好勇过人，有点鲁莽，应当让他冷静点。"孔子能做到因材施教，话因人异，不愧为杰出的教育家、口才家。

三、注意年龄

青少年、中年人、老年人经历不同，志趣各异，心态不同。我们与人谈话时，应考虑哪些该谈，哪些不该谈。比如，对老年人说话应当用敬语。打听人家的年龄，对老年人不宜说："您几岁了！"最好说："你今年高寿？"或"您今年高龄？"对小孩应说："你今年几岁了？"对与自己年龄相近的异性，特别是未婚的男女，不宜直接问："你今年多大年纪了？"以免引起某些不必要的猜测。射箭要看靶子，弹琴要看听琴人，若说话不看年龄，就难免事与愿违。

四、注意文化程度

一个人的文化教养与理解话语的能力密切相关。这就要求说话时要善于根据对方知识水平而选用合适的话语表达。如果不看对象，随意用词，就不能取得预期的交流效果。

比如，古代有个读书人上街买柴，见一卖柴人，便喊："荷薪者过来。"卖柴人因对"过来"两个字眼很明白，就走了过来。秀才问："其价几何？"卖柴人听了一个"价"字，便说了价钱。秀才嫌贵，摇头晃脑地说："外实而内虚，枝多而焰少，请损之。"那卖柴人根本不知道他在说什么，挑起柴担就走开了。

一般来说，对于文化程度低的人所采用的方法应简单明确，多使用一些具体的数字和例子、大白话、家常口语；对于文化程度高的人，则可以多用较典雅的语言，或采取抽象的说理方法。

青年时毛泽东去拜谒一位隐居山间的姓刘的老翰林时，他先献上一首诗："翻山渡水之名郡，竹杖草履谒学尊。途见白云如晶海，沾衣晨露浸饿身。"诗的前两句写经过长途跋涉前来贵地拜谒学尊，第三句暗指刘氏能摆脱俗事纠缠，在山间过隐居生活，末句则写明了他目前遭受饥饿的现状，也暗示了前来拜谒的目的。

刘翰林一见信上的诗，对他的才气很是赞赏，不仅热情接待了他，还给了他不少纹银。毛泽东通过展示其才能顺利地达到了自己的目的。

五、注意他人的心境

同一个人，心境不同对言语反应也不相同。情绪好的时候，别人即使对他说些不中听、不得体的话，他听了就听了，表现出随和性；情绪不好或心烦时，自己不愿意多说话，更不爱听别人唠唠叨叨，听到一句不顺心的话就会起急，甚至莫名其妙地对人发火。

清代朱柏庐在《治家格言》里说："莫对失意人，而谈得意事。"这是说，对一些人说来是最不得意的事，不愿意别人提起的事，有些人却提了，"哪壶不开偏提哪壶"。这等于戳人家的伤疤，其内心的痛苦是不言而喻的。

学会简洁

简洁是智慧的灵魂。

——莎士比亚

生活中，无论交谈、演讲、做报告，青少年都应注意语言的简洁、精练。

清代作家李汝珍的小说《镜花缘》里写道，林之洋等人在酒楼喝酒，酒保错把一壶醋给了他们。林之洋喝了一口，酸得口水直流，忙喊酒保调换。这时旁座一个老儒连连摆手，示意不要喊，说道："今以酒醋论之，酒价贱之，醋价贵之。因何贱之？为甚贵之？其所分之，在其味。酒味淡之，故而贱之；醋味厚之，所以贵。人皆买之，谁不知之。他今错之，必无心之。先生得之，乐何如之！弟既饮之，不该言之。不独言之，而谓误之。他若闻之，岂无语之？苟如语之。价必增之。先生增之，乃自讨之，你自增之，谁来管之。但你饮之，即我饮之；饮既类之，增应同之。向你讨之，必我讨之；你既增之，我安免之？苟亦增之，岂非累之？既要累之，你替与之？你不与之，他安肯之？既不肯之，必寻我之。多纵辨之，他岂听之？他不听之，势必闹之。倘闹急之，我唯跑之。跑之，跑之，看你怎么了之。"老儒的主要意思，无非是醋贵于酒，声张出去就要加钱，还是不要声张的好。反正我不给钱，有麻烦的是你。而他滥用"之"字，废话连篇，让人哭笑不得。

故事虽夸张，却告诉青少年一个道理：言不在多，达意则灵。冗词赘语，唠叨啰嗦，不得要领，必令人生厌。

在生活中，要想收到良好的效果，青少年社交的语言要简洁、精练，使对方在较短的时间里获取较多有用的信息。反之，空话连篇、言之无物，必然误人时光。语言还要力求通俗、易懂，如果不顾听者的接受能力，用文绉绉、晦涩难懂的语言，往往既不亲切，又使对方难以接受，结果事与愿违。

林肯的论辩艺术是举世公认的。他的特点是惜字如金、简洁明了。

有一次，林肯作为被告的辩护律师出庭。原告律师将一个简单的依据翻来覆去陈述了两个小时，搞得旁听者极不耐烦，最后连法官也坐不住了。

好不容易才轮到林肯辩护，只见他走上讲台，先把外衣脱下放在桌子上，然后拿起玻璃杯喝了口水，接着重新穿上外衣，然后又喝水，这样的动作重复了五六遍。

虽然林肯一言未发，但听众早已心领神会，明白这是对原告律师的讽刺，不禁哄堂大笑，直乐得前仰后合，不能自已。接着，林肯才开始了他的辩护演说。

林肯对原告律师的颇带幽默的嘲弄，征服了听众，他那言简意赅的辩护很快就取得了完全的胜利。

那种与主题无关的废话，言之无物的空话，装腔作势的假话，青少年应不说少说。

在谈话、演讲时，青少年需注意：

1. 尽量多用短句，少用长句。长句能够表达缜密的思想，委婉的感情，能够造成一定的说话气势。但是其结构比较复杂，句子长，如果停顿等处理不好，不但说话者觉得吃力，就是听话者听起来也不易理解。而短句的表达效果简洁、明快、活泼、有力。由于活泼明快，就可以干脆地叙述事情；由于简洁有力，就可以表达紧张、激动的情绪，坚定的意志和肯定的语气。因此在运用上，短句更适合于在交谈、辩论、演讲等重要场合的说话中使用。

2. 平时要在观察认识事物上下功夫，只有当你对事物的本质和规律了如指掌的时候，才可能一语道破。

3. 要学会摒弃无用信息、剩余信息，压缩次要信息，提高传递有效信息的时间利用率。

4. 少说口头禅。有些青少年讲话爱说"这个"、"那个"、"是吧"、"对不起"等，影响表达效果，且让人生厌。

5. 少说空话套话。有些人一开口就"穿靴戴帽"，少不了客套、谦虚，一分析问题就按老俗套念空口号，有效信息几乎等于零。

6. 重复累赘。有些有用的信息由说话人发出后，听众便接受并储存起来了；但说话人却说话啰唆重复，以大同小异的形式多次输出，这些信息就成了不必要的多余信息。

7. 节外生枝。说话人没有掌握好主题，因此在一些细枝末节上发挥太多，或意已尽而言不止。这些内容虽然也包含不少信息，但却不是主要信息，而是与主题关系不大的次要信息。次要信息太多，不但会降低时间利用率，而且会干扰主要信息的传递和储存，也会影响主题的表达，必须力戒。

运用迂回战术

一句话可以把人说笑，一句话也可以把人说跳。

——谚语

生活中，当遇到难以正面说服的人或难以拒绝的人时，青少年应考虑改变一下策略，避开正面，迂回出击。利用迂回战术，常常可以收到意想不到的效果。

一、委婉暗示法

用含蓄、委婉的语言，巧妙地向对方发出某种信息，以此来使对方不自觉地接受一定的意见、信息或改变自己的行为。

有一年，南唐税收苛严，百姓不堪重赋。很多大臣劝谏烈祖减轻赋税，都没有结果。当时又逢京师遇大旱，民不聊生。

一天，烈祖问群臣："外地都下了雨，为什么唯独京城不下？"大臣申渐高一听，正好抓住这个机会进谏，又不能直言，便诙谐地说："因为雨怕收税，所以不敢入京城。"

烈祖天生睿智，知其话中暗示之意，大笑一阵后，即颁发圣旨，减轻税收，让百姓休养生息。

大臣申渐高借助一句幽默的话，暗示烈祖要减轻税收，想不到竟收到如此奇效，为百姓做了一件好事。

直接的表达未必能收到预期的效果，不妨换一种间接委婉的方式，于人于己，有利而无害。

二、以退为进法

以退为进指避实就虚，闪开对方所期待的进攻路线或目标，从看似无关的话题入手。

　　洪承畴降清后，曾在南京审问抗击清军的夏完淳，企图诱使夏完淳归降。
　　洪承畴假惺惺地向夏完淳允诺："你小小年纪误受叛徒蒙骗，只要归顺大清，我保你前途无量！"
　　夏完淳对洪承畴的降清致使大明迅速灭亡恨之入骨，有意要讥讽他一番，便假装不认得洪承畴，故意高声回答说："你才是个叛徒！我是大明忠臣，怎说我反叛？我常听人说起我大明朝'忠臣'洪承畴先生在关外与清军血战而亡，名传天下。我虽年幼，说到杀身报国，还不甘心落在他的后面呢！"
　　洪承畴瞠目结舌、手足无措，督府幕僚们以为他真不认识洪承畴，赶忙悄声告诉夏完淳："上座正是洪大人。"
　　哪知夏完淳听后故意勃然大怒："胡说，洪大人早已为国捐躯，天下谁人不知？当时天子亲自哭祭他，满朝群臣无不痛哭流涕。不要欺我年幼无知，上座这个无耻的叛徒是什么东西！竟敢冒名来玷污洪大人的在天之灵！"
　　夏完淳指着洪承畴骂了个痛快淋漓，使得高高在上的"总督大人"羞愧难当而又哑口无言。

　　由此可见，以退为进的交谈方式，是一种有效的交谈策略。它表面是退缩，实质是进攻，退是为了更好地进。就像拉弓箭一样，先把弓弦向后拉，目的是为了把箭射出去。
　　青少年运用这种方法，要注意以下 3 点：
　　1. 要知情，知己知彼，方能百战百胜。
　　2. 要有度，退要适度，进要有力，有如拉弓，过度则弓弦易断，不够则不能把箭射远。
　　3. 生拉硬扯是不能取得好结果的，只有顺应对方的话题和心态，自然而然，顺理成章，才能退得巧妙，进得有力。

三、先扬后抑法

　　先指出他人的优点、长处，再画龙点睛、亮出对方的不足之处。两相比较，对方易于接受你的意见。

　　德皇威廉二世曾派人将一艘军舰的设计图交给一个造船界的权威，请他评估。他在所附的信件上告诉对方，这是他花费了多年的精力和心血才研究出来的，希望他能仔细鉴定。

　　几周后，威廉二世接到了那位权威人士的报告。里面附有一叠从数字推论出来的详细分析，文字报告是这么写的："陛下，非常高兴能见到一幅美轮美奂的军舰设计图，能为它作评估是在下莫大的荣幸。可以看出这艘军舰威武壮观、性能超强，可说是全世界前所未有的海上雄狮。它的超高速度举世无双；而武器配备可说是独一无二，配有世上射程最远的大炮和最高的桅杆；舰内的各种设施，将使全舰官兵如同住进豪华旅馆。这艘举世无双的超级军舰只有一个缺点，那就是如果一下水，马上就会像只铅铸的鸭子般沉入水底。"

　　威廉二世看了这个报告不禁笑了。其实，这位造船界的权威人士的意思就是这张设计图一无是处。但如果他直言不讳："陛下，您的设计图一无是处，只有一个空架子。"结果会怎么样呢？不言而喻。

　　可见，同样的说话意图，不一样的说法，效果截然不同。

四、巧创氛围法

　　此法指设法创新出合适的气氛、环境，借以说理，使对方信服。

　　有一位大学校长运用此法做报告，也收到很好的效果。

　　在一次集会时，校长面容严肃，戴方帽、穿礼服登台，只讲了几句开场白，就从口袋里掏出笔记本写着什么，然后把笔记本丢在地上。又掏出香蕉吃，把皮随手扔掉，接着是嚼糖果、花生，最后竟把泡泡糖也吐在台上，还用脚踩了踩。

　　在学生们再也看不下去时，校长开口了："各位同学，大家已经看清楚什么是不道德了，从现在起，我们要共同维护校园的整洁，报告完了。"

　　结果，掌声四起。

学会正话反说

　　良言一句三冬暖，恶语伤人六月寒。

——谚语

　　正话反说，指巧妙运用富有感染性和迁移性的语言，反其道而行之，变对立为友善，变贬抑为褒扬，以委婉取得合适的角度，拐弯抹角地表达真实的意思，而对方也能从中准确地领悟到其语言的内在含义，达到比直言陈说更为有效的说服、沟通的目的。

秦二世的生活极为奢侈铺张。这一天他突发奇想，要把城墙都涂上颜料。这是件劳民伤财的事，一些大臣都极力反对，可谁都不敢劝阻。

于是，优旃便去见二世。

"陛下，漆城是个好主意。您虽然没有发下话来，但我原本就想请求您干这件事的。尽管漆城要花掉百姓不少钱，可它确实是件大好事。漆城以后，表面平平滑滑，有敌人来攻城，爬不上来，就是有人想靠在城墙上，因为涂有颜料，谁也不敢靠了。"

秦二世一听，明白了优旃的意思，就笑了笑一挥手："算了，不漆了！"

可见，正话反说可以放大荒谬，让人更为明白地见到了荒谬的真面目，从而达到了更好的劝谏效果。青少年在正话反说时要注意以下两点：

1. 要有一些机智、幽默，让人一笑之余有所深思。
2. 正话反说不等于挖苦、冷嘲热讽，应抱着善意的态度。

多谈让对方感兴趣的话题

打动人心的最高明的方法，是跟他谈论他最珍贵的事物。

——卡耐基

作家阿夏曾经与某出版社的主编多次进行出书条件的交涉，虽然试着想找出双方都能满意的条件，但是总觉得还是差了那么一步。

大概在交涉了七八次后的某一天，由于长时间的商谈，双方都感到疲倦，于是换了场所，到附近的一家咖啡馆内。

主编是一个爱好打保龄球的人，而阿夏也喜欢这个运动，所以坐下来时，阿夏先开口提到：

"上个礼拜天，我到保龄球馆打球，可是手风很不顺，没什么战绩。"

话一说完，他便观察对方的反应，果然不出所料，主编兴致勃勃地问："怎么？你也喜欢打保龄球吗？"

"我虽然不擅长，却很热爱这种休闲活动，常常去打。"

"哈哈！其实我也蛮喜欢这玩意，几天不摸球就手痒痒。"

"战绩如何？"

"最高分是 258。"

"嗬！这可是专业水准了。"

一谈到感兴趣的话题，主编的情绪就越来越高涨，不知不觉中与阿夏约定下次一同去打球，而且还说了一句很关键的话："这个约定和出版的条件无关，完全是两码事。"但几天后，双方便签订了合同，而且大致按照阿夏所希望的条件订立的。

故事告诉我们：多谈论对方感兴趣的话题，是与对方沟通最有效的手段。

就人性的本质来看，我们每个人最为关心的当然是自己。人们喜欢讲述自己的事情，喜欢听到与己有关的东西。你要使人喜欢你，那就要鼓励别人多谈他们自己感兴趣的东西。

美国著名励志作家卡耐基回忆说：

最近我应邀参加一场纸牌会。我自己不会打纸牌，另有一位漂亮的女子也不会打。我们正好坐下来聊聊天。我在去汤姆士从事无线电事业之前，曾一度做过她的私人经理。她了解当时我曾到欧洲各地去旅行，帮助她预备她要播发的讲解旅行的资料，因此她说："啊，卡耐基先生，我想请你告诉我所有你到过的名胜及所见过的奇景。"

在谈话中，她提到她同她的丈夫最近刚从非洲旅行回来。"非洲！"我说，"多么有趣！我总想去看看非洲，但除在埃及停过 24 小时外，别的地方还没到过。听说你曾游历过野兽出没的乡间，是吗？多么幸运！我羡慕你！告诉我有关非洲的情形吧！"

那次谈话谈了 45 分钟。她不再问我到过什么地方，看见过什么东西了；也不要听我谈论我的旅行，她所需要的不过是一个专心的倾听者，使得她能扩大她的自我，而讲述她所到过的地方。

他们愉快的交流，是与卡耐基巧妙切入对方的兴趣点分不开的。

谈论对方感兴趣的话题，是一种深刻了解别人，并与人愉快相处的方式，它与虚伪的恭维是两码事。

有许多人，他们之所以被人认为谈话拙笨，就是因为他们只注意于谈他们自己感觉有趣味的事情。而这些事情，也许别人都感觉非常讨厌。如果你去引导别人开始谈他们所感兴趣的事情，例如关于他的成就、他擅长的运动等，如果对方是一位已有孩子的母亲，你不妨跟她谈谈她的孩子，这就会使人家产生一种亲切的感受。即使你的话不多，你的谈话也将被人认为是成功的。

人们对于自己的小事，比任何重大的事都要关心。他听你谈他的得意事件，比听你谈历史上的一切伟大人物的事迹更为高兴。

所以，如果你想别人对你产生兴趣，那就请记住与人沟通的秘诀：谈论别人感兴趣的话题。

生活中，青少年朋友要注意：

1. 一般说来，人们感兴趣的事物往往是最好的话题，或者叫最好的信息。这些话题大致包括：与自身利益密切相关的信息；特殊新奇的信息；以肯定形式出现的信息；权威性强的信息；与自己的职业兴趣、经验相关的信息；被社会和他人极力禁锢、保密的信息等。

2. 谈对方感兴趣的话题，重要的是熟悉和把握交谈对方的具体情况，如：地位、阅历、素养、身份、职业、性格、习惯、年龄、爱好等，从而根据不同的人选择不同的令他感兴趣的话题。所以，谈对方感兴趣的话题除了注意话题本身以外，还要注意"对方"二字的分量。只有了解了对方，才会了解什么是对方感兴趣的，也才能谈出真正令对方感兴趣的话题。

应对尴尬的妙招

兵来将挡，水来土掩。

——谚语

生活中，青少年会遇到许多尴尬的情形。自己的一句口误，他人的一个失误，都会令双方窘迫无比。那么，如何化解困境，使气氛热烈如初呢？

一、自嘲法

在德国柏林空军俱乐部举行的一次招待会上，某士兵倒酒时，不慎将酒泼到了乌戴特将军那光亮的秃头上。士兵吓得手足无措，全场人目瞪口呆。乌戴特将军却微笑地说："老弟，你以为这种治疗方法会有效吗？"在场的人闻声大笑，尴尬局面即刻被打破了。乌戴特将军借助自嘲，既展示了自己的宽广胸怀，又维护了自我尊严，消除了耻辱感。

可见，适时适度地自嘲，不失为一种良好修养，一种充满魅力的交际技巧。自嘲，能制造宽松和谐的交谈气氛，能使自己活得轻松洒脱，使人感到你的可爱的人情味，有时还能更有效地维护面子，建立起新的心理平衡。

身在高位者或明星们，与人打交道容易让人感到有架子。可能是因为他人过于紧张、有压力，也可能是这些人还没有摸着与普通人相处的窍门。通常而言，开开自己的玩笑，可以缓解他人的压力，还能让一般人觉得你有人情味，和普通百姓一样，从而让人心里舒坦。

喜剧演员潘长江曾说："记者问我为什么能广受观众的欢迎，是不是自己有什么诀窍。我说，我最大的长处就是谦逊，你看，我什么时候自高自大过？"人们听了哈哈大笑。

力求个性化、形象化并学会适当的自嘲，往往可以使自己说话变得有趣起来。

自嘲是那些缺乏自信者根本不敢使用的艺术。因为自嘲需要拿自身的失误、不足甚至生理缺陷来"开涮"，对丑处、羞处不予遮掩、躲避，反而把它放大、夸张、剖析，然后巧妙地引申发挥，自圆其说，博得一笑。没有豁达、乐观、超脱、调侃的心态和胸怀，是无法做到的。可想而知，自以为是、斤斤计较、尖酸刻薄的人是难以运用自嘲艺术的。自嘲谁也不伤害，最为安全，你可用它来活跃谈话气氛，消除紧张；在尴尬中自找台阶，保住面子；在公共场合获得人情味；在特别情况下含沙射影，刺一刺无理取闹的小人，由此可见，能自嘲的人必定是智者中的智者，高手中的高手。

二、借题发挥法

西晋时，阮籍有一次上早朝，忽然有侍者前来报告："有人杀死了母亲！"

放荡不羁的阮籍不假思索便说："杀父亲也就罢了，怎么能杀母亲呢？"

此言一出，满朝文武大哗，认为他"有悖孝道"。阮籍也意识到自己言语的失误，忙解释说："我的意思是说，禽兽才知其母而不知其父。杀父就如同禽兽一般，杀母呢？就连禽兽也不如了。"

一席话，竟使众人无可辩驳，阮籍避免了杀身之祸。

其实，阮籍在失口之后，只是使用了一个比喻，就暗中更换了题旨，然后借题发挥一番，巧妙地平息了众怒。

在现实生活中，借题发挥也大有用武之地。

某大学在一次智力竞赛中，主持人问："三纲五常中的'三纲'指的是什么？"一名女生抢答道："臣为君纲，子为父纲，妻为夫纲。"恰好颠倒了三者关系，引起哄堂大笑。当这名女生意识到答错后，她将错就错，立刻大声说道："笑什么，解放这么多年了，封建的旧'三纲'早已不存在，我说的是新'三纲'。"主持人问："什么叫做新'三纲'？"她说："现在我国是人民当家做主，上级要为下级服务，领导者是人民的公仆，岂不是臣为君纲？当前独生子女是父母的小皇帝，家里大小事都依着他，岂不是子为父纲？在许多家庭中，妻子的权力远超过了丈夫，'妻管严'比比皆是，岂不是妻为夫纲吗？"她的话音一落，场上掌声四起。

三、委婉法

委婉，或称为婉转、婉曲，是一种修辞手法。它是指在讲话时不直陈本意，而用委婉之词加以烘托或暗示，让人思而得之，而且越揣摩，含义越深越多，因而也就越有吸引力和感染力。

英国有一位传奇式的篮球教练叫佩迈尔。他带领一支大学篮球队曾获得国内比赛39次冠军，使球迷们为之倾倒。可是，他的球队在蝉联29次冠军后，遭到了一次空前的惨败。比赛一结束，记者们蜂拥而至，把他围得水泄不通，问他这位败军之将有何感想。他微笑着，不无幽默地说："好极了，现在我们可以轻装上阵，全力以赴地去争夺冠军了。"

可见，轻松、微妙、巧妙、含蓄的俏皮话，说得委婉，将改变你在人们心目中的形象，使听众感到你并不是一个失败者，而是赢者。

四、环境控制法

我国著名作家谌容访美期间，一次应邀到某大学演讲。大学生们思维活跃，给谌容提出了各种各样的问题，而她也都给以直率的答复。

突然，有人问道："听说您至今还不是中共党员，请问您和中国共产党的私人感情如何？"

显然，这样的问题是比较棘手的，很容易使人陷入进退两难的尴尬境地。谌容略微沉思了一下，答道："首先，我很佩服你。你的情报很准确，我的确不是中共党员。但是，也许你还不知道，我的丈夫是个老共产党员，我们在一起生活了几十年，到目前为止，还没有丝毫离婚的迹象。由此可见，我跟中国共产党的私人感情还是很深的嘛。"

话音未落，博得了满堂的喝彩声。

可见，出现尴尬局面时，我们应学会控制环境，即随机应变，控制局势，才不致使自己进退两难。另外，语言失误时，青少年要有发现及时、改口巧妙的语言技巧，否则要想化解难堪也是困难的。

在实践中，遇到这种情况，有3个补救办法可供参考：

1. 引申法，迅速将错误言辞引开，避免在错中纠缠。就是接着那句话之后说："然而正确说法应是……"或者说："我刚才那句话还应作如下补充……"这样就可将错话抹掉。

2. 改义法，巧改错误的含义。当意识到自己讲了错话时，干脆重复肯定，将错就错，然后巧妙地改变错话的含义，将明显的错误变成正确的说法。

3. 移植法，就是把错话移植到他人头上。如说："这是某些人的观点，我认为正确的说法应该是……"这就把自己已出口的某句错误纠正过来了。对方虽有某种感觉，但是无法认定是你说错了。

巧妙地说 "不"

我要求别人诚实，我自己就得诚实。

——陀思妥耶夫斯基

在人际交往中，青少年总会遇到一些为难之事。他人的邀请，不太想答应；向你借钱，不愿借出；请你办事，但你觉得无能为力……

就拒绝行为的双方来说，主动采取拒绝行为的人是站在有利的立场上的，但如果拒绝未采用合适的语言技巧，就容易造成对对方的伤害，引发怨恨和不满，从而导致人际关系的破裂，甚至引起各种难解的纠纷，让自己陷入非常被动的麻烦境地中。即使不至于闹到很严重的地步，因拒绝而引起的疙瘩也将使对方不愉快而长时间耿耿于怀。

我们避免不了拒绝的发生，却可以在拒绝时采取适当的语言方式，从而最大限度地避免因为拒绝而树敌。这就需要针对不同的场合说能让被拒绝的人所接受的话。这样才能既达到拒绝的目的，又维持了和被拒绝人的和谐关系。

1. 诚恳地说明原因，取得理解。拒绝对方，往往总是有原因的，这些原因对方未必都清楚，在拒绝对方的同时，不妨将拒绝的理由及自己的难处一并陈述给对方，只要是真诚的，对方多半能予以理解和谅解。但同时也应主动理解对方，可对对方的处境表示同情，也可帮对方想一些其他办法或提一些建议。这样的拒绝不仅不会伤和气，而且有可能促进双方关系的发展，这种方法对交往深或交往浅的人都适用。

2. 答非所问，转移回避。有许多问题不便直接表态，必要时可来个答非所问，先行回避一下。比如当遇到某人提出一些棘手的问题或过分的要求时，既不能说"是"，也不好说"不是"，便可采用这种方式，来个"顾左右而言他"，避实就虚，将问题回避开。这种方法对于提出的问题不便作答又不想将关系搞僵的人比较适用。

3. 诱导对方。这是通过巧妙的诱导使对方否认自己的观点，从而达到拒绝的目的。美国前总统罗斯福的做法就很值得仿效，当他被好朋友问及新建潜艇基地的情况时，他就问他的朋友："你能保密吗？"回答是："能。"于是，罗斯福笑着说："我也能。"对方就不好再问了。

4. 不说理由或沉默。在有些场合对某些人说明拒绝的理由，有可能会节外生枝、事与愿违；为了减少麻烦，可以不说理由或保持沉默。如遇到曾经借钱不还的人又来向你借钱，你就可以明确表态："实在对不起，我恐怕帮不上您这个忙。"如果他继续纠缠，就再重复一遍，他就会知难而退。

朋友问你："喜欢看超女吗？一起看吧。"这时，你可以不表态，或者一笑置之，别人即会明白。

一位不大熟识的朋友邀请你参加晚会，送来请帖，你可以不予回复。它本身表明，你不愿参加这样的活动。

5. 用反诘表示"不"。你和别人一起谈论国家大事。当对方问："你是否认为物价增长过快？"你可以回答："那么你认为增长太慢了吗？"

6. 用客气表示"不"。当别人送礼品给你，而你又不能接受的情况下，你可以客气地回绝。一是说客气话；二是表示受宠若惊，不敢领受；三是强调对方留着它会有更多的用途等。

7.用拖延表示"不"。一位朋友想约你看电影。她在电话里问你:"今天晚上8点钟去看电影,好吗?"你可以回答:"改天吧,方便的时候我给你去电话。"你的朋友约你星期天去钓鱼,你不想去,可以这样回答:"其实我是个钓鱼迷,可自从考上大学,星期天就脱不开身了。"

8.用推脱表示"不"。

有人想找你谈话,你看看表:"对不起,我还要参加一个同学聚会,改天行吗?"

9.以其人之道,还治其人之身。当自己处于不利态势,为了寻找转机,加强己方的立场,也需要找借口拒绝对方。这时,如果你能灵活机智地采用对方的话来拒绝对方,就能使对方不再坚持,从而达到自己拒绝对方的目的。

一个女演员倾慕于萧伯纳,就主动向他求婚。

"我们的结合,一定是世界上最好的结合,将来咱们生了孩子,他一定会有一个像你那样聪明的头脑,同时有一副像我这样俊俏的身段。"女演员说。

萧伯纳不喜欢这桩婚事,就回绝道:"如果孩子长得头脑像你,身段像我,那就糟了。"

作家海明威也曾踢过这种"回传球"。

美国有家服装公司,为了招揽生意,便想请个名人为他们做广告。后来,他们选中了当时声名大振的海明威。

这家公司给海明威写了一封信,并送去一条领带,在信的最后是这么写的:

我亲爱的海明威先生,这是我公司生产的领带,深受顾客欢迎,现奉上样品一条,请您试用,并望寄回成本费2美元。

过了几天,公司收到了海明威的回信,还有海明威的小说一本,信中写道:

我的小说深受读者欢迎,现附奉一册,请你们一读。此书价值2美元8美分,也盼寄回倒欠我的8美分。

看完信,这家公司的负责人哭笑不得。

10.用外交辞令说"不"。外交官们在遇到他们不想回答或不愿回答的问题时,总是用一句话来结束:"无可奉告。"生活中,当我们暂时无法说"是"与"不是"时,也可用这句话。

还有一些话可以用,如:"事实会告诉你的"、"这个嘛,很难说"等。

批评别人的技巧

批评你的人是你最好的朋友。

——杰克逊

古人说："良药苦口利于病，忠言逆耳利于行。"

批评是一种否定，没有人喜欢受到批评。然而在现实生活中，青少年对于亲友、恋人、同学、同事的错误和过失，进行必要的批评又是不可避免的。使被批评者接受批评，营造和谐的人际关系，这就需要批评的艺术。批评的艺术表现在语言上要求批评的过程中，始终保持充满暖人肺腑的话语，对错误东西的否定，要通过美的语言表达出来，做到恰到好处。

批评无疑是一门讲究语言艺术的学问，青少年应针对不同的场合采取不同的批评语言艺术与技巧，注意批评的方式方法，而不要直接揭别人的疮疤、戳别人的痛处；要拉近双方的心理距离，营造坦诚相见的良好气氛，消除对方的逆反心理，不挫伤对方的自信心和积极性，使对方愉快地接受批评。

1. 简洁而突出重点。提出批评的时候，要注意简洁中肯，按照"一时一事"的原则。若是再回溯起对方过去的缺失，予以责备，当然会引起对方的反感，不理睬你的好心了。所以要掌握重点，不要随便提及其他的事情是很重要的方法。

2. 留有余地。在提出批评的时候要给对方留有余地，不要把他指责得一无是处，否则很容易引起他的逆反心理："既然我已经这样了，那就干脆一错到底。"最后反而不如不批评。必要的时候可以多列举对方的一些优点，比如，你可以这样说："你平时努力，表现积极，唯一的缺点就是想问题的时候稍微草率了一点，如果你思考问题再慎重些，就很有前途了。"用这种口气跟他说话，他会备受鼓舞，很容易接受你的批评。

3. 注意场合。提出批评，切忌在大庭广众之下。因为提出批评的时候必然涉及他的短处，触动他的伤疤，而每个人都有自尊心，被当众揭短时，情面上很容易下不了台，从而很容易产生抵触情绪。在这种情况下，即使你是善意的，他也会认为你是在故意让他当众出洋相。

4. 把握时机。在他人感情冲动的时候不适合提出批评，因为在他冲动的时候，理智起不到半点作用，他也判断不清你的用意。这时提出批评，不仅不能解决问题，反而会火上浇油。

5. 直接批评法。这种批评一般适用于两种类型的人：一种类型是坦率直爽、性格开朗、心理承受能力强的人。这种人知错就改，喜欢直来直去，不喜欢拐弯抹角。对于这种人，你明确地指出其缺点和错误之所在、性质和危害，他会容易接受。相反，过多地绕圈子，反而会使他纳闷，产生误解，甚至是反感。

另一种类型是自我防卫心理、依赖心理和试探心理都很强的人。他们往往不肯轻易承认错误，出错后常常否认或转嫁错误给他人。对于这种人的错误，你应该给以当场、当时的批评，使其在事实面前无法抵赖。

6. 自我批评法。在批评他人之前先谈一谈自己从前做过的类似的错事，一方面可以为对方提供活生生的例证，让他从这些例证中认识到犯错的严重后果，另一方面也可以带给对方一定程度的认同感，拉近彼此的心理距离，营造出心胸开阔、坦诚相见的良好的批评氛围，从而使对方更容易接受。

7. 表扬批评法。批评需要营造适宜的氛围，在冷冰冰的气氛里很难收到良好的批评效果。如果在批评之前先表示对对方某一长处的赞赏，肯定对方的价值，满足其某种心理需要，那么就能够营造出较好的气氛：一方面削弱批评本身让人难以接受的程度，另一方面也使被批评者不致产生逆反心理。

8. 幽默是人际关系的润滑剂。有时，在批评中引入幽默，这样的语言表达效果将会更佳。

有一天，一个默默无名的学者来看苏东坡，带着一本诗册，希望听到苏东坡的意见。他朗读着自己的诗作，音调抑扬顿挫，露出洋洋得意的神态。

"大人觉得鄙作如何？"他问道。

"可得十分。"苏东坡答道。

对方面露喜色。

苏东坡又说："诗有三分，吟有七分。"

苏东坡以幽默的话语婉转地批评其作品的低劣，使听者有回味反省的余地。

9. 委婉批评法。有时候，碍于所处的场合或评价对象的面子，批评者虽然胸怀块垒，不吐不快，但却不便以过于直露的方式进行表白。这时候，批评者可以不明确表明自己的态度，只把自己的表白作为个人感受的抒发，而将批评之意蕴在貌似平和的话语中，既不破坏气氛，又能够使被批评者有所领会。

10.建议批评法美国资深传记作家伊达·塔贝尔在写她的名著《欧文·扬传》的时候，曾和一位与扬先生共事三年的人谈话。这位先生宣称，他从没听到过欧文·扬批评、指使别人——他只是建议，不是命令。譬如，欧文·扬不会说"做这个,做那个"或"别做这个,别做那个"。他会说:"你可以考虑这样"或"你觉得那有用吗?"他常常在口授一封信之后，说:"你觉得这样如何?"在看过助手写的信之后，他会说:"也许这么写比较好些。"他不教助手做什么，而让他们自己去做，让他们自己在错误中学习。

可见，这种方法容易让一个人改正错误，可以保持个人的尊严。这种方法容易赢得合作，而不是不满或反感。

11.渐进式批评法。渐进式批评就是逐渐输出批评信息，有层次地进行批评。这样可以使被批评者对批评逐渐适应，逐步接受，不至于一下子"谈崩"，或因受批评而背上沉重的思想包袱。

1949年9月，陈毅作为上海市市长到北京参加政协会议，由于住房紧张，他主动从豪华的北京饭店搬出来，把房间让给傅作义将军，自己住进了陈旧的小平房。他还代表上海市赠给傅作义两辆名牌小汽车。这在部队里引起很多议论，说:"像这样大的战犯不杀就便宜他了，凭什么又腾房子，又送汽车?"陈毅听到后，在一次会议上批评这些同志说:

"同志们，我的老兄老弟们，要我陈毅怎么讲你们才懂啊!我陈毅不住北京饭店，照样上班!他可不一样了!你们知道不知道，傅先生到电台讲了半小时话，长沙那边就起义两个军!为我军减少了很大伤亡!让傅先生住了北京饭店，有了小汽车，他就会感觉到共产党是真心交朋友的。"

然后，他又心平气和地说:

"我们是共产党员嘛，要有太平洋那样的胸怀和气量呐，不要一副周瑜的小肚肠!依我看，你想把中国的事情办好，还是那句老话，团结的朋友越多越有希望!"

在这段批评中，陈毅先是摆出事实，让战士们了解傅作义将军所做的贡献，然后表明自己的态度与观点，接下来细讲道理，对这样的渐进式批评，大家听后，不但没有怒气，反倒觉得一身轻松。

学会有效反击

留心避免和人争吵，可是争端已起，就该让对方知道你是不可轻侮的。

——莎士比亚

生活中，青少年朋友难免遇到他人恶意讥讽、中伤、攻击，沉默、忍耐固然很好，学会有效地反击也不失为一种有力之举。

一、列举事实

根据对方对事实的忽略，列举铁的事实，驳倒诡辩。

"一个国家向外扩张，是由于人口过多。"

当年，周恩来总理在反击这一谬论时，就列举了众所周知的事实："英国的人口在第一次世界大战前是 4500 万，不算多，但是英国在一个很长时期内曾经是'日不落'殖民帝国。美国的面积略小于中国，而美国的人口还不及中国的 1/3，但是美国的军事基地遍布全球，其海外驻军多达 150 万人。中国人口虽多，但没有一兵一卒驻在外国的领土上，更没有在外国建立军事基地。"

言之确凿、雄辩有力，足以论证一个国家是否对外扩张和这个国家的人口多少并无必然联系。面对某种诡辩，只要列举出其结论相反的事实例证，其结论也就不能成立了，因为"事实胜于雄辩"。

二、借题发挥

在论战中，当我方受到攻击时，可以不直接从正面答辩，而借助论敌提供的话题还击，从而改变论战的局势。这种对策的关键在于一个"借"字，能否借为己用，取决于论辩者的论战经验和思辩能力。

1959 年，美国副总统尼克松访苏，在此之前，美国国会通过了一项关于被奴役国家的决议，对苏联及东欧社会主义国家进行攻击。在尼克松与赫鲁晓夫会晤时，赫对尼说："这个决议臭极了，臭得像刚拉下的马粪，没有比马粪更臭的东西了！"

赫出言粗俗，欲使尼克松难堪。谁知尼克松回敬道："我想主席先生大概搞错了，比马粪臭的东西有的是，猪粪就是！"

因为赫鲁晓夫年轻时当过猪倌，所以，尼克松借题发挥，歪打正着，赫鲁晓夫的脸腾地就红了。

三、先顺着对方再反击

英国著名剧作家萧伯纳的戏剧《武器与人》首演时，获得了极大的成功。他应观众的要求来到台前谢幕。这时，有一个人在楼座里高喊："这部戏简直糟透了！"

对于这种失礼的话，萧伯纳没有怒气冲冲，他微笑着对那个人鞠躬，彬彬有礼地说道："我的朋友，我完全同意你的意见。"

他耸了耸肩，又指着正在热烈喝彩的观众说道："但是，我们俩反对这么多观众有什么用呢？"

观众中爆发出更为热烈的掌声。

萧伯纳面对失礼的话，情绪平和、举止文雅、语言机智。他先顺着对方的话，同意其看法，然后，话锋一转，利用现场气氛，指出就算本人同意你的看法，也改变不了事实。巧妙地回击了对方又不失水准。

四、装聋作哑，顺水推舟

"顺水推舟"可以避开对手的进攻，面对挑衅，除了针锋相对"以牙还牙"，有时也需"绵里藏针"，以守为攻。

一次，英国首相威尔逊在发表竞选演说时，忽然有个故意捣乱的人高叫起来："狗屎！垃圾！"面对这突如其来的干扰，为了顾全大局，保证演说成功，威尔逊镇静地报以一笑，用安抚的口气说："这位先生，我马上就要谈到您提出的脏乱问题了。"这样，威尔逊以机警的"曲解"使讥讽者哑口无言，竞选演说得以顺利进行。

威尔逊机智应答，一则避其锋芒，二则以有礼对无礼，在心理上争取主动。

五、巧用修辞反击

苏联诗人马雅可夫斯基在一次演讲会结束后，与对他怀有敌意的发问者展开了争论。发问者说：

"您的诗太骇人听闻了，这样写诗是短命的，明天就会完蛋，您本人也会被忘却，您不会成为不朽的人。"

马雅可夫斯基答道："请您过1000年再来，那时我们再谈吧。"

问者又说:"您说,有时应当把沾满'尘土'的传统和习性从自己身上洗掉,那么您既然需要洗脸,这就是说,您也是肮脏的了。"

诗人回答:"那么,您不洗脸,就认为自己是干净的吗?"

问者又说:"您的诗不能使人沸腾,不能使人燃烧,不能感染人。"

诗人答道:"我的诗不是大海,不是火炉,更不是鼠疫!"

这段对话不时引起人们阵阵掌声和笑语。诗人巧妙地运用了影射、讽喻、双关、比喻等修辞手法,使得自己的反驳充满了幽默感。诗人逐一反驳了对方的观点,给唇枪舌剑的争辩添上了诙谐的情调。

六、以牙还牙

马克·吐温在蒙受讥讽时,靠的是"礼貌反击",不失风度却十分有力地回敬了对方。

美国著名作家马克·吐温是个瘦子,有一次他与一个大腹便便的商人狭路相逢。

商人:"看到你,人们就会认为美国发生了饥荒。"

作家:"是的。看到你,人们就会明白发生饥荒的原因。"

可见,以其人之道,还治其人之身,也是一种应变良方。

为未来储蓄能量——热爱校园生涯

学习不仅是明智，它也是自由。知识比任何东西更能给人自由。

——屠格涅夫

制订一个有效的学习计划

凡事预则立，不预则废。

——《礼记·中庸》

凡事预则立，不预则废。恩格斯说："没有计划的学习，简直是荒唐。"高尔基也说："不知明天该做什么的人是不幸的。"教育学家们一致认为优秀学生和后进同学的差异，重要的一点是能否拥有比较明确具体的学习计划。

青少年每天要学的内容很多，如果不分先后顺序和轻重缓急，就会手忙脚乱、丢三落四，本来能学好的东西也学不好。这就需要制订一个学习计划，每天运用计划促进学习目标的实现，磨炼意志力，养成良好的学习习惯，并且提高学习效率，减少时间浪费。

下面是一位中学生的学期学习计划，以供大家借鉴：

一、目标

1.战胜自己的"小心眼"毛病，不与人计较小事，得理也要让三分。

2.扬英语之长，除参加英语竞赛之外，还要在去年市竞赛第 10 名的基础上超越 4 个人，进入前 6 名。

3.补物理之短，物理成绩也要争取进入班级前 10 名。

4.参加校运动会，3000 米长跑项目要超越去年，进入第 3 名，为班级挣 4 分。弱项铅球要加强训练，不能让它拖体育总成绩的后腿。

二、措施

1.平时多读名人传记，学习他们的博大胸怀。经常看自己座右铭上的话："比海洋更广阔的是人的胸怀。"

2.除参加学校英语兴趣小组学习外，自己每天晚间多拿出 50 分钟学习英语，做《英语辅导报》上的习题。

3.本学期强化记忆，多做物理习题，还要认真整理"物理错题集"。

4.每天下午跑完班级规定的 5000 米，再多跑 1000 米，这样就增大了训练量，比赛时，进入前三名的可能性就大了。除跑步外，还要认真做操，练臂力。

三、时间分配

本学期要把物理所占时间增至 12%，数学由 25% 降至 18%；语文为 10%；英语为 15%，化学为 5%，政治、历史、地理、生物各占 4%，文体活动占 20%，还有 4% 的时间机动。

具体来说，青少年制订学习计划时需注意以下几点：

1.要全面发展。不仅要安排好课内外学习的时间，还要安排好社会工作、锻炼身体、休息睡眠、娱乐活动等的时间，做到思想、学习、身体三兼顾。

2.要长短结合。这就是要做到长计划短安排。长计划可以使具体任务有明确的目的，短安排是为了使长计划的任务逐步实现。为了实现总的目的要求，在一段较长的时间里应当有个大致安排，每星期、每天做些什么，也应有一个具体计划。要在晚上睡觉之前就安排好第二天什么时间做什么。

3.要符合实际。制订计划不要脱离实际，要从自己的实际出发，在正确估计自己的知识与能力、可供自己支配的时间、查清自己知识缺漏的基础上，制订切实可行的学习计划。

4.要留有余地。把计划变成现实，还要经过一个努力的过程，在这个过程中会遇上千变万化的情况。所以，计划不要安排得太满、太紧、太死，要留出机动时间，目标不要定得太高，以免实现不了。如果情况变了，计划也要做相应的调整，比如提前、挪后、增加、删减等。

5.要有时间限制。为了提高效率，在制订计划时，要适当给自己"压力"，对每一科目的预习和复习要做到三限制：即限定时间、限定速度、限定准确率。

这种目标明确,有压力地学习,可以使注意力高度集中,提高复习效率。同时,每学习完一部分时,都有一种轻松感、愉悦感,会更充满信心地复习下去。

6. 要科学安排时间。

(1) 合理:要找出每天学习的最佳时间。如有的同学早晨头脑清醒,最适合于记忆和思考;有的则晚上学习效果更好,要在最佳时间里完成较重要的学习任务,此外注意文理交叉安排,如复习一会语文,再做几道算术题,然后再复习自然常识、外语等。

(2) 高效:要根据事情的轻重缓急来安排时间。一般来说,把重要的或困难的学习任务放在前面来完成,因为这时候精力充沛、思维活跃,而把比较容易的放稍后去做。此外,较小的任务可以放在零星时间去完成,以充分做到见缝插针。

另外,青少年订了计划,一定要实行,不按计划办事,是没有用的。为了使计划不落空,要对计划的实行情况定期检查。可以制订一个计划检查表,把什么时间完成什么任务达到什么进度,列成表格,完成一项,就打上"√"。根据检查结果及时调整修改计划,使计划越订越好,使自己制订计划的能力越来越强。

7. 要突出重点。学习时间和内容都是有限的,所以,计划不要平均使用力量,必须要有重点,做到保证重点,兼顾一般。所谓重点是指自己的弱科、弱项和知识体系中的重点内容,要集中时间、精力保证重点地落实。

找到记忆的诀窍

记忆乃智慧之母。

——埃斯库罗斯

目前,"神童"不断涌现,天才记忆、魔力记忆等纷纷登场。其实,只要按照记忆规律,科学地去进行记忆,那么青少年的记忆力就能很快增强。

2005 年,辽宁盘锦的 10 岁神童张炘炀的高考成绩是 505 分,超出辽宁省当年第二批本科大学录取分数线 47 分！他两岁的时候已认识了 1000 多个字，5 岁的时候认识了 2000 多个字。

他只用 2 年就读完了初中 3 年的课程，还掌握了高中的全部知识。后来直接到高中读高三，只读了 1 个月，便在家中复习，以应届生的身份参加了高考。据他父母介绍，他并未参加什么学习班或补习班，而是全凭自己的爱好。"不求最好，但求博闻。"他从不死记硬背，放学之后回家自学，学一会儿、玩一会儿。就这样，上大学前英语四级单词全记住了。

赣州市有一位少年，据他父亲介绍，在 2002 年还未满 6 岁的时候，他就能够在 3 分钟之内，背出圆周率 1100 位，之后几年还先后背出了《弟子规》《百家姓》等经典读物，9 岁的他已经能够流利地背出 3146 条成语组成的成语接龙。

记忆的方法有分段、分位记忆，以及数字法、谐音法等。

下面介绍几种记忆方法，以供青少年朋友参考：

一、三字法

马克思具有非凡的记忆力，即使在谈话时，也可随时指出书中的有关引文或数字。他的秘诀只有三个字：博、记、读。

博：由于马克思一生博览了各国的历史、哲学、政治经济学和文学等书籍，学识渊博。因此，对书中的理论问题领会快，理解深，记忆牢。

记：有时马克思一个片段要看上好几遍，并在疑难地方用铅笔做出记号，重点记忆。当发现作者有错误的地方，就打上个问号或惊叹号。发现重要段落和语句，就用横线标出来或将它摘录下来。

读：马克思在青少年时代，就对语言特别感兴趣，他用外国语背诵海涅、歌德、但丁和莎士比亚等名人的诗歌作品，借以锻炼自己的记忆力。每隔一段时间，他就重读一次他的笔记本和书中的摘句，用来巩固记忆。

二、反遗忘法

德国心理学家日耳曼·艾滨浩斯经过反复实验，发现遗忘是有规律的，将其绘成一条曲线，这就是著名的艾滨浩斯遗忘曲线。该曲线认为，记过的事物，第一天后被遗忘的最多，遗忘率达 55.8%，保存率仅为 44.2%；一个月以后的保留量为 21.9%。自此以后就基本上不再遗忘了。这条曲线形象地表明了遗忘的一个重要规律是先快后慢。

遗忘的反面就是记忆，遗忘的少，记忆的就多。为了减少遗忘，每天所学过的各门知识，当天就要及时复习，学完一个单元后再复习一遍，考试前再复习一遍，这样对所学过的知识就能很好地记住了。

三、理解记忆法

对材料在理解的基础上进行加工处理后再进行记忆是理解记忆法的基本条件。有些材料，如科学概念、范畴、定理、法则和规律、历史事件、文艺作品等，都是有意义的。青少年记忆这类材料时，一般不要采取逐字逐句死记硬背的方式，而是要首先理解其基本含义，即借助已有的知识经验，通过思维进行分析综合，把握材料各部分的特点和内在的逻辑联系，使之纳入已有的知识结构，以便保持在记忆中。

四、多感官记忆法

要记忆外部信息，必先接受这些信息，而接受信息的"通道"不止一条，有视觉、听觉、动觉、触觉等。有多种感觉、知觉参与的记忆，叫做多感官记忆法。这种记忆方法效果比单一记忆强得多。

古书《学记》中有这样一句话："学无当于五官，五官不得不治。"意思是说，学习和记忆如果不能动员五官参加活动，那就学不好，也记不住。这说明远在2000年前，我国古代人就已经认识到读书学习要用眼看、用耳听、用口念、用手写、用脑子想，这样才能增强记忆效果。

多感观记忆法动员脑的各部位协同合作，来接收和处理信息。这种方法在掌握各种语言文字的过程中效果最显著。因为不论哪一种语言，学习目的总是为了读、写、听、说，这四种能力恰恰涉及信息输入和输出的四种不同的感观通道。因此，青少年在学习语文、外语等课程时，最好采用感观记忆法。

五、快乐记忆法

学习前先想想愉快的事情，看看令人愉快的东西，听听令人愉快的音乐，会有助于心情的平静，从而提高记忆力。

把学习与自己的抱负联系起来，把学习与想象中的成功的喜悦联系起来，会大大提高记忆力。

六、刺激大脑法

要使我们的脑细胞永葆青春，关键在于要常常给予刺激。观察一下我们的日常生活，这种情况也可以立刻得到理解。像松下幸之助那样的企业家，或者政治家和学者等，都经常处于接受新刺激的环境中，所以过了70岁还是朝气蓬勃、机智敏锐。可是，我们也能看到，由于不是处于上述环境中，有的人不到60岁就已经神志不清了。更有甚者，有的人不到40岁就开始变得痴呆了。

七、联想记忆法

联想，就是当人脑接受某一刺激时，浮现出与该刺激有关的事物形象的心理过程。一般来说，互相接近的事物、相反的事物、相似的事物之间容易产生联想。用联想来增强记忆是一种很常用的方法。美国著名的记忆术专家哈利·洛雷因说："记忆的基本法则是把新的信息联想于已知事物。"

例如，气球、天空、导弹、苹果、小狗、闪电、街道、柳树等8个词，你可以发挥自己的奇特想法，把它们串联起来：我被气球吊上天空，骑在一颗飞来的导弹上，导弹射出一个苹果，掉在小狗头上，小狗受惊后像一道闪电似的奔跑，窜过街道，撞在柳树上，死了。这样联系起来后，8个词的记忆就易如反掌了。

八、观察记忆法

经过辛苦的查询和一番周折而拜访了一次朋友的家以后，往往比看地图或听人告诉更不易忘记地址。这是因为，用眼睛观察比读书或耳闻都能更清楚地记住目的地。同样，就高尔夫球和麻将的规则来说，实际到球场去打球，或到牌桌上去打牌，比读书记忆得更快。这是因为，仔细地观察会提高记忆力。

另外，还有一些较适用的方法：

直观形象记忆法：如电视教学。

归纳记忆法：即对知识进行条理化、系统化归纳。诸如示意图、表格、摘要等。

联系实际记忆法：如做实验，看标本。

分解记忆法：即将整体分解为个体，先记住个体，再连贯起来记住整体。

重复记忆法：安排复习时间，不断重复练习。

顺口溜记忆法：将要记的内容编成顺口溜，加以记忆。

死记硬背记忆法：有些内容，必须死记硬背。如数学、物理、化学中的关键公式，外语单词等。

提高学习效率

培育能力的事必须继续不断地去做，又必须随时改善学习方法，提高学习效率，才会成功。

——叶圣陶

在生活中，有许多青少年为了升学，可谓做到了"头悬梁、锥刺股"，然而收获甚微，这令他们苦恼不已。

有一位女学生向自己的老师诉苦说："以前，我总是把'吃得苦中苦，方为人上人'作为我的座右铭，不错，在很长一段时间它激励了我，并使我高一的学习成绩极佳，跃居全班第一。可是，当我转学到咱们这所重点中学时，在班里有很多比我优秀的学生。我总以为自己还不够刻苦，就每晚延长学习时间直至深夜12点，可是效果却仍不及别人，总在五六名徘徊，在年级中的名次也最多十几名。当时，我一直没有找到自己的桎梏。到了高三，本来学校里的功课就非常繁忙，再加上我自己又买了一大堆课外习题，结果弄得自己整天在题海里翻腾，筋疲力尽。有一天，我突然想到，是不是我的学习方法有问题？回顾高二以来，由于没休息好，每天早自习就是我睡觉的时间；上课效率低，还有轻微的脑贫血现象……而班上许多理科好的同学大都回家不做参考书，只在课上理解！所以我悟出了一个道理——勤奋，也要讲方法。"

可见，学习效率不能以做习题的速度来评定。当然没有速度就没有效率，这里所说的效率是青少年掌握知识的程序和做习题的准确率。一名高考状元说："一分钟就要有一分钟的效率。"这话说得多好啊！是很值得我们深思的。花出一分钟的时间就要收到一分钟的效率。题海战术、疲劳战术花的时间不少，但效率很低。高考状元们确实有状元的学习效率，他们学得比较活，比较灵，他们不是死读书，读死书，不搞疲劳战术。他们说："我们不打时间战，而是打效率战。"这是什么意思呢？就是强调效率，强调在相同的时间内争取更高的学习效率。

要提高学习效率，青少年可尝试以下方法：

一、兴趣法

"知之者不如好之者，好之者不如乐之者"，就是说我们越喜欢某一事物就越喜欢接近和接纳它。

兴趣是人们行动的一种动力。只要对某些知识产生了兴趣，就会主动去理解、记忆、消化这些知识，并会在这些知识的基础上总结、归纳、推广、运用，从而做到精益求精、推陈出新，从而推动整个社会向前发展。因此，我们在学习某一知识之前，首先要建立对它的兴趣，以达到掌握的目的。

二、专心法

专心听课是青少年获取知识、发展智能的主要途径。专心听老师的讲解、同学的发言，仔细看疑难点的演算，勤于记重点内容，有利于学习效率的提高。

三、理解法

人都有对事物进行判断的能力，对某一事物或某一知识有认识，就会很容易地把它变成自己的知识，否则，就需要花很大的额外工夫。

四、状态分配法

据一位著名学者多次对人脑进行脑功能的测试后发现，上午 8 点人的大脑具有严谨、周密的思考能力，下午 2 点思考能力最敏捷，而晚上 8 点却是记忆力最强的时候。但逻辑推理能力在白天的 20 个小时内却是逐步减弱的。根据以上测试结果，建议大家早上处理比较严谨、周密的工作，下午做那些需要快速完成的工作，晚上做一些需要加深记忆的事。

有关调查表明，学习成绩优良的人，一般都在严格规定的时间内准备功课，这样做主要是使自己形成一种时间定向，一到某个时候就自然而然地产生学习的愿望和情绪。这种时间定向能在很大程度上使其投入学习的准备时间减少到最低限度，能够很快地进入学习状态。

五、联想法

人类与动物的根本区别，就在于人有思维，有了思维，人在客观的自然和社会面前就不是无动于衷、无可奈何了，而是能够积极地促成条件，来解决问题，而联想正是人类充分发展的一种象征。

在我们的学习中，联想能使我们更好地掌握知识。

历史课本中的数字枯燥无味，但是，有些事件是和这些数字紧密联系的。因此记数字就可以与这些历史事件联系起来记，这样就避免了数字之间的相互干扰，同时也增加了学习的趣味性，起到了双重效果。

六、对比法

在学习中，当两个概念或事物的含义相似的时候，我们往往容易搞混淆，而在这个时候，运用对比法就能够搞清楚二者之间的明显区别。也就是说，它们相同的地方我们暂时不讲，我们只比较它们之间不同的地方，这些不同的地方，就是某一事物的独特特征。理解了这些独特特征，也就抓住了这一事物的本质，从而也就能掌握这一事物的有关知识。

七、复习法

人的大脑对知识的识记是有一定规律的，教育学家们曾用遗忘曲线做了一个形象的说明，指出如果在你的遗忘之前去复习、巩固它，那它就能迅速恢复并牢固记忆。孔子所说的"温故而知新"，是非常有道理的。

八、学思结合法

2400 多年前，孔子曾指出："学而不思则罔，思而不学则殆。"意思是说：

光学习，不思考，则没有所得；只思考，不学习，也很危险，搞不好学习。这说明了学习与思考的辩证关系；学中有思，思维能力才能得到锻炼和发展；思中有学，学习的知识才能融会贯通。

青少年贯彻这一原则的要求是：

要有勤奋学习的态度。华罗庚说："勤能补拙是良训，一分辛苦一分才。"勤奋是学好功课的条件之一。

独立思考与求师问疑相结合。学习者独立思考是获得知识的关键。独立思考就是要"开动机器"，机器开动了，才能出产品，学生要善于独立思考，才能增长知识，发展智能。学生还要主动求师问疑，学问学问，顾名思义，就是要有学有问。

要改变读死书、死读书的旧传统，培养读活书、活读书的新习惯。

正确对待成绩

成绩越大，越要谦虚谨慎。

——王进喜

生活中，这样的场景随处可见：成绩下来了，有的学生欢呼雀跃；有的学生小声抽泣；有的学生情绪消沉，面色凝重；有的学生厌倦学习，想离校出走；甚至有个别学生萌生了轻生的念头。因为学习成绩不理想，怕面对家长、老师、朋友，已成为众多青少年的共同心理。其实，过于关注分数，把它作为成败的标志、心情好坏的风向标，产生过重的心理压力，是不可取的。

考试是为了及时查漏补缺，主要是作为自我测验、检查的手段。也就是说，考试不应作为我们的学习目的，至于考试所得分数，需具体分析。由于各种因素的制约，分数并不能完全判断出我们学习的全部情况。

中外有不少杰出人士在青少年时期，所表现出的天赋条件、所考的分数并不好。但是，由于自己艰苦奋斗，勤奋好学，终于成为著名的人物。

拿破仑小时候很愚笨，学习成绩非常差，唯有身体健壮是他的优点。他在巴黎军事学校毕业时的成绩名次是第 42 名，虽不知该班毕业生人数是多少，但排列到 42 名的名次，总不能算是好成绩。从传记来看，他只有数学比较好，其他学科都很差。据说，他终生不能用任何一种外语准确无误地说或写。更有趣的是，战败拿破仑的威灵顿公爵，小时候也被称为"愚蠢"的孩子，在学校的学习成绩很糟。甚至连他母亲也说他是个"笨蛋"。

从郭沫若先生读中学时的两张成绩单上来看，他当时显然算不上优等生。第一张成绩单平均成绩 79 分，包括国文、图画在内的 3 门功课不及格，最差的仅 35 分。第二张成绩单上，图画、习字的成绩也很一般，倒是理科成绩如几何、代数、生理等比较优秀。后来他没有成为数学家或医学教授，却成了大诗人、大书法家、大考古学家。

有人风趣地说："如果郭沫若在今天上中学，这样的成绩是很难考进大学的，即使考上了，家长和学校也一定要他上理科。像郭老这棵大师苗子肯定会被'善意'地扼杀了。"

钱钟书先生是现代著名的文学研究家、作家，自幼受到传统经史方面的教育，中学时擅长中文、英文，却在数学等理科上成绩极差。报考清华大学时，数学仅得 15 分，但因国文、英文成绩突出，其中英文更是获得满分，于1929 年被清华大学外文系破格录取。

后来，他写出影响巨大的《围城》《谈艺录》《管锥编》等，被人誉为"拥有中国 20 世纪最智慧的头颅"。

通过上面的名人事例，我们完全可以得出这样的一个结论：成绩并不能代表一切，并不能决定人生，不能以天赋论英雄，也不能以分数论英雄。很显然，仅仅用学校的成绩单来衡量青少年的聪明与才智是不公正的。

要学会正确对待成绩，青少年需注意以下几点：

1. 考得好成绩后千万不可骄傲。一次考试只是人生众多考试中的一朵小小的浪花，它只是一个新的起点，远远不是终点。所以，不要站在成绩上沾沾自喜、志满意得。

2. 恢复心理的平衡，变自卑为自信，变失望为新希望，早日振作起来，重整旗鼓，放下心理包袱，轻装上阵。

3. 成绩不好，我们要总结教训，分析原因。是平时没有努力还是考试时粗心大意，是学习方法不对还是学习效率太低？要通过差距找原因，通过原因找对策，通过对策求进步。有些青少年没考好，并不是没有努力，而是方法有误。

4.释放不良情绪。比如，郊游、看一看自己喜爱的书籍，参加体育运动、听音乐、做点家务等，都是科学的释放压力之道。

人生处处是考场。机会永远短缺，竞争永远存在，青少年要始终保持一颗上进心，正确对待考试成绩，为未来发展积蓄能量。

掌握应试技巧

要想快速有效地学习任何东西，你必须看它、读它、听它和感觉它。

——托尼·斯托克威尔

校园中流行这样一句话：考，考，考，老师的法宝；分，分，分，学生的命根。许多青少年闻"考"色变，如遇大敌。其实，只要树立了信心，讲究方法，勤奋学习，每个人都能考出好成绩。

下面为青少年朋友介绍一些应试技巧，以供参考：

一、建立"错题记录本"

一些学生失分的关键，往往只是几个类型上的差错。每次将自己做错的题记下来，反复钻研，下一次再犯错的可能性就小了。久而久之，自己的弱项便可以克服了。

二、多做模拟试题

多做模拟试题的目的意在模拟考试，并通过此种办法提高临考的适应能力。

往往有这种情况，自己感到已掌握的知识，在模拟考试中又出了问题，这反映了所掌握的知识是不扎实的，是经不住略加变化的考验的。所以通过模拟考试，可以发现已认为掌握而实际上还没有完全地、扎实地掌握某种知识的盲点，从而有针对性地予以解决。

每套模拟考题都有一定的难度，往往能大致反映这门考试科目的重点。因此，通过模拟考试，可以检验和巩固复习的成果。

由于标准试题的题型都有相对的稳定性，因此，可通过模拟考试熟悉考试的题型。通过把所复习的内容按试题类型归类，以提高复习的针对性和应考的适应能力。

三、考前复习

下面提供几位北大高分考生的备考经验：

高考前我给自己考了三轮试，并且严格按照高考的时间进行。答得不理想的立即找书看看。睡前还可以看一些散文小品等，帮助找语感写作文。

不做难题，主要注意各学科基础知识。但也要保持适当的题量，比如各科每天起码做一套单选题。适当看一些新闻也有助于写作文，比如我认识一个高考作文满分的考生，在考试的前一天晚上看了关于"诺曼底登陆"的专题节目，就适当运用到作文中，并取得了很好的效果。

特别注意看基础的东西，包括各科的基本知识点，比如语文的默写等，注意纠正一些错字别字；作文方面就反复看自己之前归纳的例子。

在考前就不再做新的，特别是难而偏的题。只找一些简单，自己非常顺手的题来做，这样有利于考试前信心的建立。文科复习方面，应该回到书本中去，复习最基础的知识点，或者只是随意地翻一下书。

四、心理放松

考前充足的睡眠、愉快的心情是必不可少的。加班加点，强攻难关，往往适得其反。多参加体育活动，多听音乐，多吃蔬菜水果、多与朋友、师长聊开心的话题，都能为自己创造一个宽松的环境。

浙江省2005年文科状元徐语婧谈到自己的经验时说："首先要摆正自己的心态，不要太紧张，现在你不妨就想一想高考那一天会是什么样的情景，躺在床上设想一下你早上起床、刷牙、洗脸、照照镜子，给自己一个非常自信的微笑，然后出门，想想风吹在脸上的感觉，走进考场，开始答第一题，考试结束了交卷。其实经历过高考你会发现，这一切也就是这么简单，就真的不用特别紧张。在高考的考场上如果像我一样，就是第一场考试如果万一发挥失利的话，千万不要影响后面几场的考试。我第一场考语文的时候就出现一些小小的失误，但是当时我自己很快调整了心态，并没有影响后面几场的发挥。所以最后语文成绩出来好像也不是特别的差，所以有些时候你在高考的考场上特别容易将自己的一些小小的失误，把它夸大成一个很大、感觉自己根本就无法克服的那种障碍，千万不要有这种想法。万一出现这种失误的话，你中午回去睡个觉，你只要睡醒什么事情都没有，继续投入下一场考试。"

五、科学答题

1.浏览。拿到试卷后，不要急于动手答题，先要浏览一下所有试题，粗略地观察、判断试题的难易程度和分值，大体制定一个答题的"战略战术"。这样有利于合理安排时间，掌握答题难度。

2. 审题。解答每一道题之前都要逐字逐句审清题意，明确要求，不要一看就答，随想随写，随写随改。答题力求简明扼要，条理清楚，答其所问，字迹不要潦草。

3. 草稿。解题需打草稿时，要从左到右、从上到下按照顺序逐题地写在纸上，这样做便于检查，节省时间，草稿切忌东写一下，西画一下，认为无所谓。

4. 搁题。有些题目如果一时做不出来可先搁在一处，要抢时间先做会做的题和得分点高的题，待会做的题和得分点高的题都做完后，再回过头来考虑原来不会做的题。

5. 卷面。有些题目觉得答案字数较多，但试卷上留的答题空地不够用时，应有计划地把字写得小一点、密一点，不要到最后写不完了，在试卷上乱安排，乱勾画，搞得卷面不整洁，从而影响得分。

6. 复查。复查是考试过程中的一个重要环节，有时宁可少做一个没有把握的题，也要挤出时间来把做完的题目再复查一遍。

报考一门热爱的专业

学问必须合乎自己的兴趣，方可得益。

——莎士比亚

生活中，青少年爱好、兴趣各异。是否能选择好一门真正适合自己的专业，影响深远。

有一个美国男孩在父母的关爱下成长，男孩的父母都希望自己的儿子能成为一位体面的医生。可是，男孩读到高中便被计算机迷住了，整天玩着一台旧计算机，不断地把计算机的主机板拆下又装上，乐此不疲。

男孩的父母见了很担心，也很伤心，他们苦口婆心地告诉他："你应该用功念书，否则根本无法立足社会。"

男孩的内心非常痛苦，他既不愿意放弃自己的兴趣，也不愿意让父母难过，最后，他按照父母的愿望考上了一所医科大学，可是他的内心始终只对计算机感兴趣。第一个学期快要结束的时候，他毅然决然地告诉父母他要退学，父母苦劝无效，也只好很遗憾地同意他退学。

男孩后来成立了自己的计算机公司，打出了自己的品牌。到了第二年，公司就顺利地上市发行股票，顷刻间他即拥有了1800万美元资金，那年他才23岁。

10年后，他更创出了不亚于比尔·盖茨的神话，拥有资产达43亿美元。他就是美国戴尔公司总裁迈克·戴尔。

由此可见，选对专业，找准人生方向，你才能早一日成功。

我们知道，只有充分发掘自身的优势，才能实现你所确定的终生奋斗目标。但这需要一个前提条件，那就是首先要问问你自己的兴趣所在。所谓兴趣，是指一个人力求认识某种事物或爱好某种活动的心理倾向。这种心理倾向是和一定的情感联系着的。

"我喜欢做什么"，"我最擅长什么"一个人如果能根据自己的爱好去选择事业的目标，他的主动性将会得到充分发挥。即使十分疲倦和辛劳，也总是兴致勃勃，心情愉快；即使困难重重也绝不灰心丧气，而能想尽办法，百折不挠地克服它，甚至废寝忘食，如醉如痴。爱迪生就是个很好的例子。他几乎每天都在实验室里辛苦工作十几个小时，在那里吃饭、睡觉，但他丝毫不以为苦，"我一生中从未做过一天工作。"他宣称，"我每天都其乐无穷。"难怪他会成大事。

很多人往往一时很难弄清楚自己的兴趣所在，或擅长什么，这就需要你在实践中善于发现自己、认识自己，不断地了解自己能干什么，不能干什么，如此才能扬己所长、避己所短，进而取得成功。

作家斯贝克一开始并没有意识到自己会成为作家，曾几次改行。开始，因为他身高1.9米多，爱上了篮球运动，成为市男子篮球队员。因为球技一般，年龄渐长，又改行当了专业画家。他的画技也无过人之处，当他给报刊绘画时，偶尔也写点短文，终于发现自己的写作才能，从此走上了文学创作的道路。

可以回顾一下自己的经历，发现和准确判断自己的兴趣所在。在此基础上，将自己的兴趣归于某种兴趣类型，并与相应的专业对比，可以帮助你选择适合自己兴趣的专业，更好地发挥自身优势。

所以，若想充分发挥自身的优势，必须根据自己的兴趣爱好来选择适合自己的专业。如此才能使你的事业如虎添翼，顺利到达成功彼岸。

青少年在报考专业时需注意：

1. 我们对选报专业的兴趣应该是理性的兴趣，而不是表面的热情。曾经有不少考生表示对计算机专业感兴趣，执意要报考，但是他们的数学、物理成绩不佳也没有学习动力，更不知道计算机专业要学哪些课程。也许，他们对计算机专业的兴趣实则是对电脑游戏的兴趣，是将电脑游戏当作计算机专业了。

这样的选择其实是十分危险的。更常见的现象是家长包办孩子的专业志愿，结果很可能是孩子进入高校以后提不起专业兴趣，失去学习动力。

所谓"理性兴趣"是指考生在中学的学科兴趣、学习成绩、高考选科、选报志愿基本吻合，而且也大致符合个人的发展愿景。此外，学科面比专业面宽，因此对专业的兴趣爱好宜宽不宜窄，在一个学科门类中，可以选报多个专业或专业方向。

2. 要对自己的性格、兴趣爱好有一个清醒的认识。一个人在事业上能否获得成功，与他对所学专业和准备从事的职业是否有浓厚的兴趣，与他的性格、气质特征和他要从事的职业是否相适应有着极大的关系。在选报志愿时，青少年一定要从自己的专业兴趣和性格、气质类型出发、从个人特征与职业特点的最佳匹配来选择相关专业和院校。

比如某学生擅长美术又比较喜欢实际的工作，属于艺术型和现实型相结合的个性特征，这种学生应该选择建筑学、工业设计、室内装潢设计等。又比如某学生也擅长美术，但他更喜欢从事社会服务性的工作，属于艺术型和社会型相结合的个性特征，这种学生应该选择美术教育、舞台美术等专业的学习。

适应大学生活

最高明的处世术不是妥协，而是适应。

——吉姆梅尔

经过十一二年的寒窗苦读，绝大部分青少年都会蟾宫折桂，进入神往已久的"象牙塔"里，开始一种全新的生活。

然而，困惑、茫然也随之而来。有些人不懂得自理；有些人闲时间多了，却不知何去何从；有些人感觉彻底"解放"了，终日喝酒、打牌、上网；有些人处理不好与舍友的关系，或盲目追逐爱情……

据报道，一个从南方山区考到北京上大学的男生，一个从西北小地方考到广州读大学的女生，他们都在刚读大学不久，因为不适应新环境而产生了较为严重的心理和精神疾患；后来，那个男生经过专业的精神治疗，又重返学校读书，现在已经正常地就业和生活，而那个女生却就此回了老家，再也没有重返好不容易才考上的重点大学。

专家估计，大约 1/3 的新生能够在 1 个月的时间里适应大学生活，还有 1/3 的新生需要 2 个月的时间来适应，还有少部分新生，需要更长的时间才能逐渐适应，或者他们最终还是无法适应大学生活。

上海市某高校近年一项心理健康状况普查显示，3000 个左右的大一新生中，约有 1/3 的学生有些心理反应异常，10%的新生患有心理疾病，2%～3%的学生问题较为严重。

让我们来看看大二的小波是怎样适应新生活的：

回顾一年前的生活，发现不论是高兴的、伤心的、成功的、失败的原来都是一笔财富，而能尽快适应大学的生活是最让我感到欣慰的。由于专业的需要，我必须学会与周围的人好好相处，与他们做朋友，妥善地处理自己的人际关系，增强自己的"人脉"，这才能使我顺利而又充实地度过大一的每一天。老老实实地做人，认认真真地学习,踏踏实实地做事是新生最应有的态度；多观察，多思考，多行动是新生该学会的课程;用心去感受大学生活就会发现，其实路就在自己脚下……

青少年朋友应从以下几个方面积极适应大学新生活：

1.尽快提高生活自理能力。上大学后，大学生应该摆脱过去的依赖心理，在辅导员、班主任指导下自觉主动参与集体生活，学会自己照顾自己，独立处理生活与学习中的问题。注意向高年级优秀学生学习，听取他们介绍自己成长的体会和经验。

2.摸索适应大学学习的方法。对大学学习的不适应最易产生情绪波动与自我评价偏差。新生要正确认识大学学习的特点，逐步摸索与自己水平、基础相适应的学习方法，注重自学能力的培养，学会管理支配时间，学会应用工具书，利用图书馆等条件自学。可以通过广泛阅览课外书籍来充实自己，丰富大学生活。

3.学习掌握人际沟通技巧。与来自各地、性格、习惯各异的同学交往，需要把握交往机会，学习沟通技巧，采取积极主动的方式与他人交往。

4.升华理想，确定新的奋斗目标。

5. 在锻炼个人能力方面，不要忽视团体协作能力，集体是我们成长的动力。

与他人融洽相处

以希望别人怎样待我之心去对待别人。

——卡耐基

据报道：一位家境不错的女孩初入大学，和3位来自贫困地区的女孩成了室友。从未过过集体生活的她一心想要和室友好好相处，可事与愿违。同寝室的3个穷学生结成了同盟，在宿舍里除了电灯，其他任何电器，包括饮水机、热水器、电风扇，统统不用。

那位城里女生受不了，提出想用热水器和电扇，并愿意多付些电费，可她的3位室友却好像自尊心受到伤害，坚决不同意。3个穷学生站在同一阵线上，干什么事都是3人集体行动，这让那个富学生倍感孤立。她出于无奈，最终提出了换寝室。

大一的阿哲也有他的烦恼：

"大一下学期课程比较少，我就买了台笔记本。自从有了笔记本，舍友们就很少上课了，即使有课也很少去。他们喜欢看小说、电影，每天都抱着我的笔记本看，早上一起床就看，也不出去，吃饭还叫人带，经常看到凌晨一两点。……

现在我每天在外面玩到很晚才回去，依然感觉不好，一进宿舍就更难受。昨天早上那同学有了机会玩我电脑，他马上拷小说看，到现在还没离开床和我的电脑，都整整一天了。我该怎么办呢？"

在4年里，如何和来自五湖四海的同学相处是一个很重要的问题。4年的大学生活除了提供学习知识的机会，更重要的是学会做人，学会处理人际关系。

那么，青少年朋友如何尽快适应集体生活、与他人融洽相处呢？

1. 增强生活自理能力。

要学会自己照顾自己，例如：洗衣服、打饭、购物等。

2. 培养自我控制的能力。

144

遇到一些让自己心烦或是感到委屈的事情，要学会自我控制。过后，及时找老师、父母或朋友倾诉，一起想法解决。

3. 培养谦让、忍耐精神。

要处理好与他人的关系，自身的品德修养是基础，产生矛盾时一定要保持冷静，只要以诚相见，共同协商总能解决问题，要少考虑一点自我，多替别人着想。

4. 养成良好的沟通习惯。

掌握一定的沟通技巧很有必要，可以增进同学之间的友谊，发扬合作互助精神，相互关爱，加强集体凝聚力。通过沟通，什么矛盾都可以友好地化解。比如趁气氛热烈、大家情绪好的时候谈较棘手的问题。

5. 自尊自爱，自强不息。

如果你是因为有生理缺陷或家庭条件太差而受到同学的冷落和孤立，你就一定要有自尊自爱、自强不息的精神。生理不足并不能影响一个人的品德和成就，家庭条件太差也不应该是你停滞不前的借口。不必攀比其他同学的高档消费，努力学习、提高自身素质和能力才是最重要的任务。

6. 学会欣赏别人，尊重别人。

有时候，我们中的一些人会出现这样的情况：自己有了进步，就欢呼雀跃，高兴得手舞足蹈，可当别人有了成绩时，却视而不见、充耳不闻，甚至挖苦别人。我们应该十分清醒地认识到这种做法是没有修养的表现。

一位学者说过："一个人总能在某一处胜过别人，而在这一处上又总会有更强的人胜过他，学会欣赏每个人会让你受益无穷。"智者尊重每个人，因为他知道人各有其长，也明白成事不易。

听震撼心灵的讲座

听君一席话，胜读十年书。

——谚语

如今，各大高校里的讲座可谓名目繁多、丰富多彩。不少学生在大学里面除了上课，就是待在宿舍打游戏，或终日花前月下，从来不主动去听讲座，甚为可惜，教育资源就这样浪费了。

在大学校园里办讲座的人当然是社会生活中的佼佼者。专家、教授、知名学者、社会名流……一般来说，他们的演讲或睿智多变、幽默轻松，或深入浅出、简练朴素，既有引人深思的深厚学理，又有催人奋进的人生智慧。从历史到哲学，从金融到经济，从文学到艺术，可谓思想的精粹、智慧的集锦。由于"汇集了各领域最前沿的思想和观点"，许多讲座被喻为具有时代精神的"思想大餐"。在这些讲座中，既不乏高深的学术对话，又常有师生之间的激烈争论。听完一场优秀的讲座后，思想的穿透力让你折服，胜于你上一个星期的课。除学术的交流外，无不感受到一种对人对己的责任。

具体而言，我们多听优秀的讲座，有如下益处：

1. 接受切实的人生指导，培养健康的生活方式。

2. 讲座是我们开阔知识视野，发掘学术兴趣和增强学术功底的第二通道，由此我们能广泛涉猎各个学科领域，这对于优化知识结构、提升综合素质具有不可替代的作用。

3. 有机会和来自各个方面各个行业的人接触，能从他们那里听到许多在校园中接触不到的事情。

4. 有机会分享专家、学者们潜心研究的成果，聆听他们的观点和见解，了解他们学术人生的平凡与伟大。

5. 听了某位成功人士的演讲，我们可能会热血沸腾，激发出创业的勇气和信心。

下面是几位学生关于听讲座的感受和体验：

"出身北大，现为某杂志社编辑的那久强在文章中写道：

在北大听讲座，真是一种享受。倾听，是对智者的钦佩，是对仁者的虔敬，是对真善美的崇尚和追求。听张岱年讲孔孟之道，听王绍讲禅宗，听欧阳中石、刘炳森讲书法，听季羡林、杜维明讲东西方文化，听王蒙讲小说、金庸讲武侠，听詹姆斯·莫里斯讲信息经济学，听纳尔逊·曼德拉讲南非民族斗争史……那些充满个性的声音，时常在耳边萦绕，演讲者的思想光芒、精神火焰照亮了一代代莘莘学子的心灵。

"北大的讲座，以'多、高、新、广'的绝对优势，使国内其他高校难望其项背。北大讲座在某种程度上是中国学术探索、思想创新的试验场和思想文化产品的集散地。在北大听讲座，可以说是'听君一席话，胜读十本书'。

听学界泰斗季羡林先生的演讲，如沐春风，使人深切感受到一个睿智老人思想的深邃、意境的高远，高山仰止之情油然而生。听杨振宁、李政道的演讲，能增添对科学和科学精神的崇尚和敬仰。而听王启民、李国安等著名劳模的演讲，使人更深刻地理解人生的价值和奉献者的高尚情怀。

"畅游于这样一个绚丽多彩的精神海洋里，自然会令人感到无限的惬意，能有机会聆听这么多杰出人物的演讲，对于每一个北大人来说都是一种赐福。有人说，"一塔湖图"（博雅塔、未名湖、图书馆）是北大的象征，如果说'一塔湖图'是北大魅力的风景画般静态的体现的话，北大讲座则是一幕幕活生生的动态的话剧。他更生动地体现了北大自由、宽容、博大、深远的内在精神……"

一位清华学子说："平日里，我们往往不自觉地被束缚在本专业的框架中，一场好的讲座，可以拓展你的知识面，放宽你的眼界，甚至可能改变你的思维方式。每一场新奇的讲座，都有可能是你人生中的一块新大陆。"

一位复旦学子说："主讲者以学术界名人居多，偶尔有企业界人士和其他社会名流。演讲风格有的诙谐，有的严肃，给人以不同的现场感受，也有听得实在不入味，忍不住半途偷偷开溜的。但总的来说，对正处于知识快速积累、更新过程中的我们，这些讲座极大地丰富了我们的专业外知识，给年轻的思想带来的启发性是不可估量的。记得有次请武大的某博士主讲中国古代文化发展，他把古中国一场小战事一直引申到了遥远的罗马帝国的溃败，让我第一次认识到中国古代文明对世界格局的重大影响，而在此前，作为一个对文学对历史毫无研究的工科学生，我看中国古文化是与世界文明发展割裂开的。那是我一生中唯一一次听说他的名字，听他讲学，却至今难忘。这是一次成功讲座能给人以震撼的最直接写照。"

可见，真正精彩、优秀的讲座能令人获益匪浅，甚至受用一生。

听讲座的技巧如下：

1. 多关注校园内的宣传栏、海报，多上 BBS，交流信息。某些重要的讲座只有一定数额的门票，你要耳目灵通，先下手为强！

2. 要有选择性。大学里讲座较多，每场必到并不现实，也不可取。我们应有的放矢，去听真正于己有利、感兴趣的讲座。

3. 及时记录下精彩内容、闪光点。

4. 多思考，并提出一些重要的想法、疑问，与演讲人交流。

根据兴趣参加社团

兴趣是人成长的最好老师。

——佚名

作为高校里由学生依照共同的兴趣、爱好自发组成的"民间组织"，社团已成为大学校园文化的一道美丽风景线。在话剧里"秀"一把，与棋友切磋技艺，与社友去登一次高山，邀三五画友去乡村采风……

健康的社团活动不仅能够启迪学生的思想，陶冶他们的情操，净化他们的灵魂，而且能使学生增长知识，锻炼才干，在交往和活动中认识社会，培养竞争意识。

热爱文学的小文从大一起就积极参加学校文学社的活动，坚持写稿和投稿，而且还学会了编辑和版面设计等一系列相关工作。4 年大学学习结束后，小文在文学创作、编辑等方面都小有成就。"功夫不负有心人"，今年他终于在竞争激烈的就业招聘中脱颖而出，顺利地进入了令许多人都羡慕的大报社工作。小文说："我现在的成功与当初在文学社的努力是分不开的。"

小静在大学时加入了学校的爱心组织和本学院的法学社。作为其中的中坚分子，她负责了社团的正常运转和活动策划。现在忙于找工作的她告诉学弟学妹们，还是社员的时候，她并不觉得参加社团对自己有多大的益处，现在退出来才发现，大学时光凭兴趣全情投入的社团活动是不可多得的经验财富。"我的收获，不是因为我在社团中担任了要职，而是学会了在每一次成功和失败中总结经验教训，这个对我来说真的受益匪浅。"

对书法情有独钟的小方，自高二起就不得不忍痛割爱，整天埋头于课本、资料和考试。进入大学 2 年以来，他一直坚持参加该校书法协会的各项活动，书法水平有很大提高，而且在校内成功地举办了个人书法展，一举成为全校闻名的"校园书法家"。

可见，适当地参加一些社团，对于个人的成长发展极有裨益。

青少年在参加社团时，需注意以下问题：

1. 根据自己的兴趣爱好作选择。

校园里社团有很多，不是所有的都适合自己。选择社团时首先要考虑自己擅长什么和是否感兴趣。每个人的兴趣爱好都不同，擅长文艺的同学可加入文化文艺类社团，乐于青年志愿者服务的同学可加入公益服务型社团，喜欢电脑的可加入计算机协会，等等。

2. 了解你所要加入的社团。

社团类型主要有以下几类：

(1) 理论学习型社团：以理论学习宣传、学术研究为主要内容和目的的社团，如：马克思主义读书会、毛泽东思想读书会、邓小平理论读书会等。

(2) 公益服务型社团：以专业学习、交流、实践为主要内容。如：艺术团、女生协会、环保协会、口腔协会、未来教育家协会等。

(3) 兴趣爱好型社团：依据学生的特长和共同兴趣爱好组建而成的，以注重艺术享受、提高文化艺术素养为主要特征。如：戏剧社、书画社、影视协会、广告协会、诗社、外语俱乐部、未来艺术家协会、篮球协会。

(4) 学术科研型社团：专业性强，作为学生专业成才教育的第二课堂。如：大学生心理协会、考研领航社、数学建模协会、大学生科技协会等。

3. 避免草率和贪多，要做到量少质精。认真履行自己的职责。

4. 社团大多都收费，这是正常的，不可因小失大。

5. 参加社团要务实、有意义。

6. 不要因为社团活动耽误了学业，正确处理两者的关系，以免得不偿失。

多读一些经典名著

诵读一册好书是不断的对话，书讲着，读者的灵魂答着。

——莫罗阿

青少年时期是接受人类最优秀的文化遗产和阅读古今中外名著的黄金时期。有选择地阅读一些名著，对提高青少年的思辨能力、社会活动能力、心理体验能力、演讲表达能力大有裨益，终身受益。

俄国著名作家列夫·托尔斯泰曾应圣彼得堡一家出版社之邀，列出一张书单，每本书还分别写了"影响巨大"、"影响极大"、"影响非常巨大"等评价。其中有适合各年龄段所读的书。

我国教育部在 2000 年 3 月也第一次明确中学生课外文学阅读必读的文学名著。学生阶段养成阅读名著的良好习惯，会对学生的一生将产生深远的影响。这既是知识结构的完善，也是人格修养的完美。高尔基说："书籍是人类进步的阶梯。"对每一位学生来说，书籍，尤其是名著，是每一个年龄阶段特殊的"精神滋补品"。

据报载，美国高中生的课外必读书目 20 余种，如：《麦克白》、《哈姆雷特》、《坎特伯雷故事集》、《傲慢与偏见》、《伊利亚特》、《奥德赛》、《理想国》、《罪与罚》、《战争与和平》、《美国独立宣言》、《哈克贝利·费恩历险记》、《草叶集》、《麦田守望者》、《红字》、《愤怒的葡萄园》等。一些专家看了美国高中生的课外必读书目以后，惊叹："看了这些书以后，会有何等的胸襟，何等的目光！"

一位作家曾把没读过名著的人比喻为"精神上的残疾人"。

所谓名著，都经受了时间的淘漉和历史的筛选，都是历久不衰的长销书。它们都有极强的思想性和高超的艺术性，对社会各层次的读者都有极大的吸引力。

名著像蕴藏丰富的矿山，每开掘一次都会有新的收获！

有人说，莎士比亚就是一所大学，这话毫不夸张。

如《红楼梦》，书中涉及社会生活知识异常丰富，政治、经济、文学、哲学、美学、园林建筑等，几乎无所不包，简直是小型"百科全书"。

名著的思想倾向健康，能鼓舞人昂扬奋发、积极向上。名著的大主题，都是在歌颂人性的真善美，鞭挞假恶丑。在探索或表达人类的对真理、正义、爱情、理想的不懈追求。唯其如此，名著已经不属于作者和他的国家，已经超越了国界、种族，成为全人类的共同遗产。如莎士比亚、歌德、雨果、巴尔扎克、托尔斯泰、曹雪芹、鲁迅等人的作品即属于全世界。也正是因为这个原因，所有的名著，都不会受政治思潮或时代风尚影响，而永远闪耀着光芒！

那么，青少年朋友在阅读经典名著时，应注意哪些方面呢？

1. 名著必须精读，要读三遍五遍，甚至十遍八遍才行。毛泽东说过，读《红楼梦》没有 5 遍就没有发言权。如能像茅盾先生背诵整部《红楼梦》那样就更好了。一般说来，精读中不但要记住情节、人物姓名，而且要注意识记、理解文中的诗词妙语，精妙的章节甚至要能背诵出来，只有这样，我们在今后，才能信手拈来，为我所用。

2. 不动笔墨不读书。要把自己的读书心得、体会用自己的语言文字表达出来。

3. 随读随记，读写并进，收效才能大。读完一部名著后，要回过头来总结一下，该记的记下来，该写的整理成文章。有计划有目的地阅读，就一定能够不断提高自己的思想修养和艺术修养，一生受用无穷。

4. 古人有很多行之有效的读书方法，如朱熹的"三到"读书法，苏轼的"八面受敌"读书法等，都可以用作参考。要结合自己的阅读情况，根据自己的爱好、涉猎范围，确定适合于自己的读书方法。

5. 读名著要用发展的眼光、开放的头脑进行思考。做到古为今用、洋为中用。我们可以学习鲁迅先生的拿来主义，要善于用批判的头脑进行思考，广取长处，为我所用。

树立科学理财观——正确对待金钱

如果你把金钱当成上帝，它便会像魔鬼一样折磨你。

——菲尔丁

树立正确的金钱观

财富不应当是生命的目的，它只是生活的工具。

——比才

青少年朋友，对于金钱，你有着怎样的价值观？

温哥华的一个普通建筑工人赖维奎尔，在1986年中了760万美元的彩券。当年他发横财的时候其他人正在失业，在一般人的眼里，赖维奎尔真是走了大运，有了这么多钱，他一定快乐得不得了。然而事实是，赖维奎尔不仅没有得到快乐，反而陷入了烦恼与不幸。自从赖维奎尔中了彩券后，他就再也没见过自己的女儿，而且好多亲朋好友也都离他而去，原因是他没有把这一大笔天降横财分给他们。赖维奎尔说："我现在要什么东西就可以买什么东西，但除此以外，我比其他任何人还要痛苦……有了这一大笔钱，我反而成了忌妒和仇恨的对象，人们不愿和我接近，我也时刻在担心有人接近我只是为了钱，我累极了……我买不到人心。有朋友就是有朋友，没有就是没有，爱是买不到的，爱一定要建立在真诚平等的基础上。"

现实生活中，许多青少年或者是因为不满足，或者是因钱而导致朋友的纠纷，感情的背离，或是因为钱已够多而失去了目标。总之，他们对钱又爱又恨，没有钱烦恼，有了钱不一定就会得到快乐。

在如何对待金钱的问题上，经常有两种极端做法。有些人只认钱、不认人，他们的唯一目标就是金钱，金钱成了支配他们生活的最重要的因素。

还有另外一个极端，这是一些在任何情况下都绝不希望成为守财奴的人士。只要可能，他们总是避免和金钱发生关系。他们把其他事物置于铜臭之上，例如人与人之间的关系、家庭、健康、精神生活、温情。反正这种类型的人总是尽量回避"金钱"这个题目，收到的账单不开封，银行账单看也不看，绝对不谈论金钱。

这两种做法都过于极端。我们必须明确，金钱对我们到底有多么重要，我们需要为此付出多少时间。我们必须学会把金钱变成我们生活中的助手。

生活中，不少青少年要么花钱毫无节制，如流水一般；要么小气吝啬，如一只"铁公鸡"。

凡吝啬的人都是金钱的奴隶，而不是主人。对这类人来说，唯有金钱、财物才是最为重要的。敛钱、聚财是这类人的最大嗜好，也是他们人生的最大目的。他们的生活公式是：挣钱、存钱、再挣钱、再存钱……他们的最大乐趣是"数钱"：今天比昨天多了多少，明天比今天还会多多少；他们的哲学是：多了还要多，永远不会有满足的时候。

凡吝啬的人一般都不懂人与人的感情。他们不懂得亲情，不懂得友谊，不懂得人与人之间的感情，若是有的话，也要以金钱的标准去衡量。一般的处世原则是，认钱不认人。即使是家人，亲爱者，也始终毫不含糊，"账"总是算得清清的，为了金钱有的甚至达到了"六亲不认"的程度。

凡吝啬的人一般都是自私的、贪婪的。这类人总是嫌自己发财速度太慢，总想不劳多获。

吝啬贪婪者金钱、财富都不缺，然而其灵魂、其精神却是在日趋贫穷。

吝啬果真能给吝啬者带来愉快吗？不能。其实吝啬者的生活是最不安宁的，他们整天忙着的是挣钱，最担心的是丢钱，唯恐盗贼将他的金钱全部偷走，唯恐一场大火将其财产全部吞噬掉，唯恐自己的亲人将它全部挥霍掉，因而整天提心吊胆，坐立不安，永远不会是愉快的。

吝啬者"小气"、心胸狭窄，在他们身上很少体现亲情二字，所以其内心世界是极其孤独的。尤其是当他们有难的时候(譬如在病中)，他们才会感到缺少感情支持的悲怆，才会感到因为吝啬而失去的东西实在太多了，才会充分感觉到金钱的真正无能。

富勒一心想成为千万富翁，而且他也有这个本事。多年打拼之后，他拥有了一幢豪宅，一间湖上小木屋，几平方千米地产，以及快艇和豪华汽车。

但问题也来了：他工作得很辛苦，常感到胸痛，而且他也疏远了妻子和两个孩子。他的财富在不断增加，他的婚姻和家庭却岌岌可危。

一天在办公室，富勒心脏病突发，而他的妻子在这之前刚刚宣布打算离开他。他开始意识到自己对财富的追求已经耗费了所有他真正珍惜的东西。他打电话给妻子，要求见一面。当他们见面时，他们热泪滚滚。他们决定消除掉破坏他们生活的东西——他的生意和物质财富。

他们卖掉了所有的东西，包括公司、房子、游艇，然后把所得收入捐给了教堂、学校和慈善机构。他的朋友都认为他疯了，但富勒从没感到比这时更清醒过。

接下来，富勒和妻子开始投身于一桩伟大的事业——为美国和世界其他地方的无家可归的贫民修建"人类家园"。他们的想法非常单纯："每个在晚上困乏的人至少应该有一个简单而体面、并且能支付得起的地方，用来休息。"美国前总统卡特夫妇也热情地支持他们，穿上工装裤来为"人类家园"劳动。富勒曾有的目标是拥有1000万美元家产，而现在，他的目标是为1000万人、甚至更多人建设家园。目前，人类家园已在全世界建造了6万多套房子，为超过30万人提供了住房。富勒曾为财富所困，几乎成为财富的奴隶，差点儿被财富夺走他的妻子和健康；而现在，他是财富的主人，他和妻子自愿放弃了自己的财产，而去为人类的幸福工作，他自认为是世界上最富有的人。

由此可见，善用金钱，你就会获得幸福和宁静。

对于金钱，青少年朋友应树立正确的观念：

1.珍惜每一分钱，将它用在点子上。大手大脚、挥霍浪费只会损害你的将来。

2.既不回避、鄙夷它，也不贪婪、吝啬，应保持平常之心。

3.成为罪恶之源，还是人生的好帮手，钱的作用取决于你的驾驭之法。

从小开始理财

其实世界上没有传奇，只有不为传奇而努力；其实赚一亿并不难，难的是让理财方式适合自己。

——萧伯纳

青少年朋友，你会管理自己口袋里的钱吗？据一项调查显示，上海92.8%的青少年存在乱消费、高消费的现象，具体表现为花钱大手大脚、盲目攀比，消费呈成人化趋势；93%的学生缺乏现代城市生活经常触及的基本经济、金融常识，甚至不清楚银行信用卡的服务功能，不知道银行存款的利率等。类似问题在其他城市也比较突出。这反映出青少年的理财观念尚未形成、理财能力不强等诸多问题。

一位专家说："理财应从3岁开始。"理财并非生财，它是指善用钱财，使个人的财务状况处于最佳状态，从而提高生活品质。

生活中，青少年在理财方面最容易犯这些错误是：

1. 如果手中有几百元，他们就觉得富裕了。

2. 储蓄对他们来讲并不重要。

3. 花掉的要比储蓄的多。

4. 只能节省一点购买小件商品的钱。

5. 认为钱的能量并不很大，而且没有多少潜力可挖。

6. 花钱从来不作计划。

7. 不能正确地使用活期存款账户。

8. 不恰当地使用信用卡。

9. 从不了解钱的时效价值。

10. 现在享用，以后付钱。大多数青少年对钱的认识不够，没有忧患意识，眼前只有享受，认为以后会由父母把钱送到自己手上。

11. 没把钱当回事。我们总以为家长有的是钱，每天都能有大数目的零花钱，所以买东西从不考虑价格。

12. 买东西时，把身上的钱花个精光。

13. 向广告看齐。许多初高中生的早餐，不是"好吃看得见"的方便面，就是"口服心服"的八宝粥，他们不论是吃的还是用的都向广告看齐。

14. 向大人看齐。看见大人们经常泡桑拿，吃"麦当劳"，他们感到一种气派，不仅有羡慕之心，也学着去进行高消费。

15. 向明星看齐。据一家美容店老板介绍，她曾遇到不少崇拜明星的中学生来美容修发，还常常甩出 100 元的纸币。

16. 许多初高中学生在钱花掉之前，已经有过数次的购买欲望。

17. 买了许多东西，但很少有令他们长期满意的。

18. 滥用别人的钱。

19. 只在花钱时他们才有一种满足感。

美国石油大亨洛克菲勒给儿子写的一封信中有这样几句话：

"有一点你要记住，财富不是指人能赚多少钱，而是你赚的钱能够让你过得有多好。"

"不懂得控制开销的重要性，就必须付出很大的代价。"

"控制开销不能让你一夜之间或一年之内致富，但它所构建的是你未来的财富。"

从中可见，理财能力对青少年来说是极其重要的。

在美国，青少年借助于父母的指导，是这样实现他们的理财目标的：

3 岁时，辨认硬币和纸币的区别；

4 岁时，知道每枚硬币是多少美分，能够买到多少东西；

5 岁时，知道基本硬币的等价物，了解钱是怎么来的；

6 岁时，他们就能够找到数目不大的钱，能够数大量的硬币；

7 岁时，懂得看价格标签；

8 岁时，知道要赚钱必须通过工作，还可以把钱存在银行里；

9 岁时，制订简单的一周开销计划；

10 岁时，知道每周节约一点钱，以备大笔开销使用；

11 岁时，知道购物时比较价格；

12 岁时，懂得使用银行业务中的术语并学习计划两周的开销。

理财要做到心中有数，要学会记账，明白家庭里的开销和支出情况，规划自己的理财目标、计划等。IBM 前董事长沃森的儿子从上初中时候起做每周的零花钱支出计划、每月的收支目标，很小就树立了商业意识，最后也成了 IBM 公司的首席执行官，良好的理财习惯创造了其灿烂的一生。

相比之下，不少青少年在中小学时对理财所知甚少，即使进了大学，也令人担忧。

新生入校后，对新环境既陌生又好奇，很多学生家长都是把一个学期的生活费一次性给孩子，学生一下子拿着这么多钱又没有父母的督促，缺乏一个统筹性的安排，盲目冲动性消费太多。进校后的一个星期就用掉半年生活费的状况在校园内屡见不鲜。

而大学生小峰呢，进校后，他总是先将每个月的伙食费放在旁边，然后再根据需要添置一些日常用品。电话费是一笔不小的开支，他一般都选择价格优惠的电话卡打。大学生小海经常关注校园内的招聘广告，利用业余时间打点工，如果打工多赚了点钱，他就会多买点衣服和自己喜欢的东西。

青少年朋友可以借鉴他们的做法，当一个理财好手：

1. 学习畅销书《钱不是长在树上》中的一个储蓄基本原则,配置自己的零花钱。可以将钱分成3份,第一份的钱用于购买日常必需品;第二份的钱用于短期储蓄,为购买较为贵重的物品积攒资金;第三份的钱作为长期存款放在银行里。

2. 减少开支。花钱应懂得克制,根据自己的家庭环境来考虑自己的消费水平,并向父母申请一定的日常零花钱。

3. 准备一个理财本,学会定期整理,做到收支平衡。

4. 与父母一起筹划家庭的金钱计划。例如假设家里要过一个重要的节日,怎么在有限的时间内安排,哪些东西是必须买的,哪些东西是次要的,该花多少钱,怎么购买。并自己设计一张预算表,从中引导自己如何规范花钱的方向及适度使用钱财。

钱应用在点子上

人们手里的金钱是保持自由的一种工具。

——卢梭

如何将钱用在点子上，也需要智慧。花钱不能简单地理解为消费，更不能看成是挥霍，它同时也包含着投资的意思。可以说，从如何花掉一元钱中，都能看出你对金钱的认知态度，反映出你的钱商的一个侧面。

按照泰森自己咬牙切齿的说法，经纪人唐·金骗走了自己总收入的三分之一；第二任妻子莫尼卡为了离婚的赡养费几乎把自己榨干；那些和自己各种龌龊官司有关的人，包括律师和受害人，都从他身上捞足了油水。而媒体普遍认为，归根结底，奢华糜烂、挥霍无度的生活，平时出手太过阔绰，才是其迅速破产的重要原因。

拳王泰森有着几亿美元的身家，在鼎盛时期所积累的财富，是一个普通美国人需要工作7600年才能拥有的。但他最后也因为2700万美元的债务不得不申请破产，实在是令人难以置信。泰森在一年时间里光手机费就花了超过23万美元，办生日宴会则花了41万美元。他想到英国去花100万英镑买一辆F1赛车，后来弄明白F1不能开到街道上，只能在赛场跑道里开才作罢，最后把这100万英镑变成了一只钻石金表，可才戴了不到十来天，就随手送给了自己的保镖。甚至动辄有几万、十几万美元的巨额花费，连自己都搞不明白去处。

可见，用不到点儿上，即使你拥有再多的财富，也将流失殆尽。

青少年朋友也许都做过诸如"给你100万，你怎么去花"的测试题，其实这是对你的钱商的一种检验。有的人觉得这是意外之财，不花白不花，花了也白花，于是就在很短的时间内挥霍一空，最后又变成一文不名的穷光蛋，甚至还因此欠下了债。有人也意识到这是意外之财，但他懂得钱能生钱的道理，重视这个天赐良机，用这100万在不长的时间里又挣了100万，结果将原来的100万归还给别人之后，拥有了自己的100万。这才叫会花钱。

中国人讲"把钱花在刀刃上"，就是如何实现金钱的价值最大化的意思。中国人习惯于贫困的生活，一向主张勤俭节约，反对奢侈浪费；另一方面又爱面子，讲排场，出手时很大方慷慨；但终其一生也没有积累下什么资产。这是传统小农经济条件下的消费观念。

如今，校园里许多青少年不懂得把钱花在点儿上，跟起了"高消费"的流行风。

1.吃。很多同学一日三餐保证丰富之外，又增添了第四餐、第五餐。于是，校园内外的商店里堆满了五花八门、包装精美的小食品，让人看了眼花缭乱。据报载，某校的小卖部门口每到下课就挤满了学生，还有一些学生，吃不惯学校的大锅饭，经常下饭馆吃小灶，一顿花去几十元甚至上百元，可谓是挥金如土。

2.穿。有些同学课下聚在一起，谈论的不是功课，也不是难题，而是一个个脱口而出的名牌:阿迪达斯、彪马、开拓、耐克、金利来、鳄鱼、老人头等。上千元一件的皮衣，四五百元一身的套服，两三百元一双的皮鞋，在当今中学生中已不足为怪。

3.玩。如今"圣诞节"、"愚人节"已经成为我们必过的节日，"生日Party"的火爆程度更是众人皆知。"Party"的形式更是多种多样，最常见的是请朋友到餐馆吃一顿，酒足饭饱后，还要请大家一起去娱乐一番，溜冰场、电子游戏厅这时就成了最受欢迎的地方。这样一个生日下来，花去几百元也不足为怪。

4.名目繁多的礼尚往来。我过生日你送我一张音乐卡，你过生日我便不能再送贺卡，转而赠送精美的小礼物。下一轮便需打破上一轮的记录，变成你送我一只三四十元的小狗熊，我送你一个五六十元的大洋娃娃，出手越大方，友谊越牢固，情义无价。

这种现象实在令人担忧。青少年不了解钱的价值，不懂得工作的辛苦，在大人的宠爱下，养成乱花钱的习惯，这有可能会给他们的将来埋下祸根。

而今的中国人生活大为改善，更有一部分家庭进入富有阶层。有了钱，但要懂得节制，不能"有求必应"。中国有句俗话：富不过三代。意指第一代创业，第二代守业，第三代败家。从小在钱堆里长大的青少年，会过度重视物质享受，爱慕虚荣，缺乏刻苦奋发的毅力和精神，在现代社会无情的竞争与太多的诱惑面前，他们极易被淘汰。

青少年朋友如何把钱用在点子上呢?

1.无论我们年龄多大，也无论家庭经济条件如何，我们在使用零花钱方面，一定要有所节制，把钱的数额控制在我们有能力支配的范围之内。一般来说，零花钱的数额并没有一个定数，要根据我们的日常消费来预算。这些开支大多包括买零食、午餐费、车费、购买学习用品等费用。

2.尽量不和同学、朋友攀比，我们应坚持自己的个性。

3.不盲目买名牌，跟潮流。真正的品位并非外表华贵。

4.可买可不买的物品，就下定决心不买。

5.学会精打细算、货比三家。

学会勤俭节约

历览前贤国与家,成由勤俭败由奢。

——李商隐

古人曾说:"俭,德之共也;侈,恶之大也。"今天,生活水平大大提高,一些青少年朋友养成了大手大脚的习惯。一听到"勤俭节约",他们总是一笑:早过时啦!

果真如此吗?

2006年4月17日,胡锦涛主席到美国访问,首场宴会将在微软公司董事会主席比尔·盖茨的私人豪宅举行,宾客们享用的晚餐只有3道菜:前菜是烟熏珍珠鸡沙拉,主菜是华盛顿州产黄洋葱配制的牛排或阿拉斯加大比目鱼配大虾任选其一,最后是甜品牛油杏仁大蛋糕。许多人惊诧万分。谁都知道盖茨很有钱,但是盖茨同样很节俭。就是这普通的3道菜,让我们又一次感受到了盖茨的吃喝哲学和人格魅力,给中国富豪、青少年上了一堂生动的荣辱教育课。

历史上,杰出人士大都有着勤俭节约的习惯。

1941年6月,爱国华侨领袖陈嘉庚率"南洋华侨回国慰劳视察团",从新加坡专程回国慰劳国共两党抗日将士。国民党为了让陈嘉庚"感恩图报",拨巨资在重庆安排了十分隆重的接待。不料,陈嘉庚却怒斥国民党:"此等虚浮乏实,与抗战艰难时际不甚适耳。"接着陈嘉庚便到了延安,毛泽东用豆角、西红柿和邻居老大娘奉送的一碗鸡汤热情地招待陈嘉庚。陈嘉庚看了这三道菜,意味深长地说:"得天下者,共产党也!"回到新加坡,陈嘉庚公开发表言论,赞扬共产党人勤俭淳朴、吃苦耐劳,并"断定国民党政府必败,延安共产党必胜"。

毛泽东本人一生也粗茶淡饭,睡硬板床,穿粗布衣,生活极为简朴。一件睡衣竟然补了73次,穿了20年。经济困难时期,他主动减薪、降低生活标准,不吃鱼肉、水果。伟人在勤俭节约方面为国人做出了表率。

一次,香港富豪李嘉诚在乘坐汽车的时候,把一枚两分钱的硬币掉在了地上，硬币滚向阴沟，他便蹲下来准备去捡，旁边一位印度籍的保安员便过来帮他拾起，然后交到他的手上。

李嘉诚把硬币放进口袋，然后从口袋中取出一张 100 元作为酬谢交给他。

有记者曾问起这件事，李嘉诚的解释是，若我不去捡那枚硬币，它就会滚到阴沟里，在这个世界上消失。而我给保安员 100 元，他便可以用之消费。我觉得钱可以去用，但不能浪费。平时，他衣着简洁。不戴劳力士手表而只戴普通的电子表。

同他一样，鼎鼎大名的"领带大王"曾宪梓在饭店用餐完毕总不忘打包带走剩下的几块点心。

节俭是大多数成功者共有的特点，也是他们之所以成功的原因。他们养成了精打细算的习惯，有钱就拿去投资，而不是乱花。

许多年轻人往往把钱花费在吃喝、名牌、舞厅等地方。如果他们能把这些不必要的花费节省下来，时间一久一定大为可观，可以为将来发展事业奠定一定的经济基础。

不少青年一踏入社会就花钱如流水一般，胡乱挥霍，这些人似乎从不知道金钱对于他们将来事业的价值。他们胡乱花钱的目的好像是想让别人夸他一声"阔气"，或是让别人感到他们很有钱。

有些人收入不高，但花起钱来可真是愚蠢之极。他们会为了购买只有富人才买得起的奢侈品，把所有的钱都花光，但等到想做点事情时却身无分文。

美国一些百万富翁的儿子，常在校园里拾垃圾，把草坪和人行道上的破纸、冷饮罐收集起来，学校便给他们一些报酬。他们一点儿也不觉得难为情，反而为自己能挣钱而感到自豪。有的家庭经济并不困难，但要让八九岁的孩子去打工、送报、挣零花钱，目的是培养孩子自力更生、勤俭节约的习惯。美国著名喜剧演员戴维·布瑞纳中学毕业时，父亲送给他一枚硬币作为礼物，并嘱咐他："用这枚硬币买一张报纸，一字不漏地读一遍，然后翻到广告栏，自己找一份工作，到世界上闯一闯。"后来取得很大成功的戴维在回首往事时，认为那枚硬币是父亲送他的最好礼物，它使戴维懂得了生活的艰辛，衣食的来之不易。

节俭不仅是财富的一块基石，也是许多优秀品质的根本。节俭可以提升个人的品性，厉行节俭对人的其他能力也有很好的助益。我们知道一个节俭的人是不会懒散的，他精力充沛，勤奋刻苦，而且比起那些奢侈浪费的人更加诚实。

节俭是人生的导师。一个节俭的人勤于思考，也善于制订计划。他有自己的人生规划，也具有相当大的独立性。

那么，青少年朋友如何养成勤俭的习惯呢?

1. 正确认识金钱的含义。要懂得钱是什么，钱是怎么来的和怎样正确地对待钱财。

2. 珍惜物品，不浪费。要懂得所吃、所穿、所用来之不易，随意浪费是不珍惜劳动果实、不尊重劳动的表现。经常参加劳动，体会劳动的艰辛。

3. 学会花钱。要学会自己买东西，学会如何用钱、如何选择物有所值的物品。把钱保管好，防止丢失、被窃。养成先认真思考再花钱的习惯，避免盲目消费。可以要求父母让自己"一日当家"、记收支账，这是学会理财、培养节俭品质的好方法。

4. 学会积累。手里的零用钱、压岁钱应该计划使用，适当积累。在存钱、用钱的过程中养成节俭的好品质。

5. 懂得量入为出。必须明白，花钱必须有经济来源，花钱要看支付能力如何，即使家庭经济富裕，也要坚持前面提到的三条标准。

尽量存一笔钱

有钱有粮心中不慌，无钱无粮愁断肚肠。

——谚语

青少年朋友，你有自己的"小金库"吗?

为最好的朋友准备一份大礼，为上大学攒一笔学费，为心爱的恋人买一套芭比娃娃，为未来的车房储蓄基金……你需要从零用钱、生活费、工资中"挤"出一部分，为自己存一笔钱。

刚毕业参加工作的小郑月薪2000元，工资的大部分都用于房租、在外吃饭、交际上。他工作3个月至今没有任何积蓄，每到月底，看到空空的钱包，就开始为自己不久后买房、买车、成家、担起养家重任而烦恼。

小郑于是下定了决心，要积攒自己的资金。他每月都拿出一定的资金存为定期，控制自己的消费。他为自己定下的第一个目标是一年存上 1 万元，并且制定了一个具体的行动方案。

1. 若无大的花费，每次出门钱包内的零花钱不得超过 100 元，且尽量不使用信用卡，以免超支。

2. 每月从工资单中拿出 50% 作为生活费用以及其他花销外，其余部分存银行或兑换成外币保值。

3. 每星期做一次支出总结，看哪些支出可以节省。

一年后，小郑实现了自己的第一个目标，自己的存折上终于有了 5 位数的存款。

作为刚走入社会的"新鲜人"，毕业走上工作岗位自食其力的大学生大多数还不需要负担家庭的开支，相对而言有更多的优势进行投资。像小周所处的阶段正是家庭成长期，从工作至结婚的一段时期，一般为 2 ~ 5 年。该时期是未来家庭的积累期，每个人的经济收入都比较低且花销较大。

如果有意识地存一些钱，对于将来人生、事业的通达都有益处。

犹太人藤田田，因为恪守合同，他赢得了日本麦当劳的代理权，后来成为日本外餐业巨子。

他在日本写过一本关于经商的畅销书，提出了一个有趣的亿元储蓄法。虽然对于一般日本人，要拥有一亿日元几乎是不可能的。但藤田田指出：只要最初 10 年每月存 5 万，以后每月存 10 万，最后 15 年每月存 15 万元，再加上利息，三十年后就拥有 1 亿元了。要成为亿万富翁，根本无须运气或智慧什么的。只要能吃苦，咬紧牙关，只要花时间，谁都可以简单地存到 1 亿元。

藤田田本人真是这样做而且做到了。尽管他清楚，如果从赚钱的角度看，这样做并不合算，因为 30 年银行的利息根本抵不上货币贬值。但他认为：这样克制自己，不断和自己搏斗，对养成克己习惯起了极大作用。

他的做法说明，坚持储蓄，你将收获可观的财富。

这里特别提醒青年朋友可以尝试以下建议：

1. 确定储蓄目标。储蓄不是最终目的，理财是为了善用钱财，实现你的某项生活目标，如购买住房、轿车，或是读书深造，或进行投资。把储蓄目标贴在冰箱门、餐桌上等醒目的地方，提醒你时常想起存钱目标，激励你增加储蓄的动力。

2. 及早还清你欠银行的贷款，尽量减少利息支出。你一旦养成了储蓄的良好习惯，并能坚持数年，那么你就需要选择一种或几种适合自己的投资理财方式，以获得较高的投资回报，将你的生活装扮得更为艳丽多彩。

3. 定期从你的工资账户上取出几百元，存入你新开立的存款账户中，给自己一段过渡时间去适应这种手中可支配现金比以往减少了的生活。待2～3个月后，逐步增加从工资账户中每次取出的金额，存入新的存款账户。

4. 小额储蓄起步。建议你先按月收入的10%参加储蓄，制定目标后要持之以恒。培养良好的储蓄习惯胜于偶尔一次存入一笔大额的钱款。

5. 核查信用卡的对账单，看看你每个月用信用卡花去了多少钱。如有可能，减少每月从信用卡中支取的金额，每到月末，你可将信用卡里省下的钱存入存款账户中。

为自己的将来投资

挪亚并不是已经在下大雨的时候，才开始建造方舟的。

——巴菲特

青少年时期是人生精力最充沛的时期，也是人生财富的重要积累期。当然，压力也接踵而来。上大学、考研、出国留学、结婚、买车买房……因此，一个懂得为自己将来投资的人，他将为以后的生活打下坚实的基础。

几位年轻人从农村来到城市，进入一家印刷厂工作。其中一位年轻人第一天就到一家银行开了一个户头，养成了每月存款400元的习惯。5年后，他工作的印刷厂资金周转出现严重困难，面临立刻倒闭的危险。这个年轻人此时户头上正好有2万元的存款，他立刻取出钱来拯救这家印刷厂，也因此获得了印刷厂2/3的股份。

年轻人入股后，同时也对印刷厂的管理进行了大胆改革。他采取了严密的节约制度，协助这家工厂付清了所有债务，从而走出破产的风险。在他的努力下，这家印刷厂起死回生，生意一天天好起来，最后发展为一家大型的印刷公司。现在，这位年轻人凭借他在公司的股份，一周分到的红利，就比以前自己投入的2万元股金还多。

谁也不会想到,这位年轻人的成功,是由每周存几元钱而引起的。实际上,有了一定的储蓄,就多了一定的机会,当机会来临时,就有一定的资金来做铺路石引导你成功。

假定一位刚踏入工作岗位的年轻人,从现在开始,每年从薪水中定期存下14000元,并且都投资到股票或房地产,因而获得平均每年20%的投资回报率,那么40年后,他能累积多少财富呢? 答案会令人大吃一惊,以财务学和投资学的公式计算出来的正确答案是:1亿零281万! 看起来是一个天文数字。当然它的实现有一个重要的条件,即要保证平均每年20%的投资回报率。但它至少告诉我们一个信息:投资才可能致富。

每个人、每个家庭都有投资的最低资本的均等机会。要改善自己未来的财务状况,首要之务就是立即展开投资的行动。

学会理财投资的人,就像拥有一部钞票复印机。通常贫穷人家对于富人之所以能够致富,负面的想法是认为他们运气好或从事不正当的行业,较正面的想法会认为他们更努力或克勤克俭。但这些人万万没有想到,真正的原因在于他们的理财习惯不同,理财方式造成了贫富差距。

小余刚进单位的时候每月只有1000元的实习补贴,可那时还多少有点结余,现在收入高了3倍,反而成了"月光一族"。

经过反思,小余琢磨出了自己没钱的原因:并非收入少所致,根源是个人的理财、消费观念有偏差,以及没有掌握一些必备的理财技巧。可以肯定,她的花销缺乏条理性和计划性,花钱虽然不是"大手大脚",但也算不上"精打细算"。例如,她和朋友经常等到晚上8点吃打折的洋快餐,看上去似乎很"节俭",但洋快餐即使打到一折,也没有自己做的饭便宜呀! 买衣服可能没买名牌,但买衣服的次数多。这样还不如按"少而精"的原则适当购买经典款式、能体现个人风格的较高档服装,从而延长淘汰周期,达到省钱目的。类似的花钱误区还可以找出很多。

小余找到了自己的理财误区,就为自己定了一个规矩:每月必须存上1500元。小余准备考研究生,因此准备攒够自己的学费。

不久,小余的储蓄计划就初见成效。

生活中,特别是青年朋友如何聚沙成塔,为自己的未来累积一份可观的财富呢?

1. 学习理财。利用业余的时间学习理财的知识,多听听别人的建议或是上网、看电视,都可以从中了解相关的技巧,再归纳成为自己的理财观。

2. 建立目标。做什么事都要有目标,这样才不会迷失方向,而理财也可以为自己设定目标，在花钱时才会有所顾虑。

3. 开始储蓄。每月薪水中的一部分固定存入银行，或是做其他的投资，之后绝不用那笔资产，若干年后即可成为可观的财富。

4. 备用应急款。意外的产生不是个人所能控制的，所以需为临时需要做好打算，才不会手忙脚乱或动用定期存款而损失利息。

5. 勇于投资。大胆尝试高利率的投资渠道，如债券、保险、基金、外汇、股票、期货、房产、金银、收藏等，不要认为麻烦而避之，要有冒险精神和判断力，再加上有效的投资方案，可在短期内增加更多的财富。

6. 开源节流。开源从节流开始，从日常生活中的小细节做起，不但是节俭，更有环保的美德，财富才能达到积沙成塔的效果。

7. 精明消费。适合别人的不见得适合自己，对于精明消费也因不同的收入、生活方式或价值观有所差异，所以，要慎选所需而不要一味跟着流行走。

8. 拓宽财路。打工或做一份兼职，磨炼自己能力的同时，也可以增加更多的收入。

来，大胆试一次——尝试行动计划

勇气是人类最重要的一种特质，倘若有了勇气，人类其他的特质自然也就具备了。

——丘吉尔

发挥想象，写一首诗

到世界上来，首先我们是人，再呢，我们写着诗。

——艾青

青少年朋友，面对父母的大爱、醉心的风景、好友的笑容、爱情的酸甜苦辣，你有没有这种冲动：拿一支笔，用真挚的语言、热切的情感、奇妙的想象，写一首动人的诗？

诗，最精粹而又蕴含丰富的语言，是爱做梦的少男少女的宠儿，是浪漫倜傥的诗人的女神，是一切热爱生命和美的人的歌吟。

屈原、李白、苏轼、徐志摩、拜伦、雪莱、普希金、海子……一个个风流绝代的天之骄子，以诗歌唱了一生。

大诗人歌德曾以 8 岁稚拙的童手在生日贺帖上为外祖父母写出了第一首诗，80 高龄的他又在故世前以苍老的手写下了最后一首诗。

"人闲天又凉，老梅上战场。拍桌骂胡适，说话太荒唐！说什么中国要有活文学！说什么须用白话作文章……若非瞎了眼睛，定是丧心病狂！"

"老梅牢骚发了，老胡呵呵大笑。且请平心静气，这是什么论调！文字没有古今，却有死活可道。古人叫做欲，今人叫做要。古人叫做至，今人叫做到。古人叫做溺，今人叫做尿……古人乘舆，今人坐轿……若必叫帽作巾，叫轿作舆，何异张冠李戴，认虎作豹？……"

这是现代文学家胡适的第一首白话诗，也是最长的一首诗。

1916年夏，青年胡适还在哥伦比亚大学，一次与朋友们一起去湖边玩，不料天降大雨，船差点儿翻掉。事后任叔永用诗记其事，胡适回信说此诗其中有现代文字，也有陈腐的死文字。结果他在哈佛的朋友梅觐庄看到后写了一封措辞激烈的信给胡适，说白话不过是"俗字俗语"，绝不成文学。胡适接到信后，一时童心大发，写了上面这首诗"答梅觐庄"。

自此，"文学革命"成了胡适生活的重心，他一方面寻找"白话文学"的理论，一方面身体力行，大做白话诗。

当代儿童文学作家金波回忆说："上小学后我最喜欢的科目是语文，喜欢读诗，喜欢冰心的《繁星》，她的诗篇幅不长，语言很美，感情真挚，意境非常隽永。三四年级时我开始学着写诗，有时候老师将我写的诗作为范文在全班讲评，还抄写一份贴在教室门外的板报上。我心里美得不得了，经常走到那儿听听别人怎么评论我的诗。应该说老师允许我在作文课上写诗，又张贴在板报上，对我是莫大的鼓励。"

青少年朋友，怎样才能写好一首美妙的诗呢？

1. 充分发挥想象力。安徒生在他的童话《创造》中写道：一个爱写诗的青年人，因为写不出好诗来而苦恼，于是去找巫婆。巫婆给他戴上眼镜，安上听筒，他就听到了马铃薯在唱自己家庭的历史，野李树在讲故事，而人群中，一个故事接着一个故事在不停地旋转。这里，说的就是想象的力量。

2. 深入生活。对生活进行形象的感受，形象地体验生活、观察生活、分析生活，抓住灵感。大约在1913年，苏联诗人马雅可夫斯基从萨拉托夫回到莫斯科。为了对一个在火车上同路的女人表示他对她完全没有邪念，诗人就说道："我不是男人，而是穿着裤子的云。"说了这句话之后，他立即考虑到这话可以入诗。两年之后，他用了"穿裤子的云"作为一首长诗的标题。

3. 构思诗歌。其过程包括：提炼诗情，选取角度，布局谋篇，锤炼语言。

种一棵树，与它一起成长

每个人都是一棵树。

——佚名

青少年朋友，你曾流着汗水种下一棵小树吗？树是无声的朋友，默默之中，它会伴你一同成长。

有这样一个动人的故事：

一个平常的春天，一位饱经风霜的母亲，向别人讨了几棵树苗。她要把它们栽在门前。

母亲栽种完毕后，她的一个孩子从门里一拐一拐地出现了，"妈妈，把这棵小树也栽下吧？"孩子的手里擎着一棵树苗，那是她丢弃的一棵。它又瘦又小，一点也不强壮，甚至还有一些枯萎。孩子吃力地站在母亲的面前。他是她最小的孩子，一生下来就残疾。孩子擎着那棵树苗，满眼里都是渴求的光芒。母亲望着孩子站立不稳的腿，她犹豫了。她认为孩子是在做着一件没有结果、同样也没有意义的事情。看到孩子眼里的那片灼灼的光芒，母亲终于点点头——就算它最终长不成一棵大树。

孩子高兴极了，他小心翼翼地放下树苗，抢着去挖树坑。他人小力气弱，挖得很吃力。母亲要替他挖，他不肯，硬是自己挖成了。孩子挖的树坑比母亲挖得都大、都深。

树苗栽种下了，孩子一拐一拐地拎着水桶，给每一棵树浇水。母亲看着，心里想着，这棵树能长大吗？做母亲的目光是复杂的。她真的不相信那棵树苗会活过来，会长成一棵大树。

可是不久，那棵树苗和其他树苗一样，也鼓出了叶子，只不过稍迟了几天，叶片稍细小了些。可不管怎么说，它活过来了，它也是一棵树了。

每一天，孩子都要浇树苗。孩子是认真的。他浇水也不厚此薄彼，一棵小树一桶水。那棵由他乞求母亲允许，他自己亲手挖坑栽种的小树苗，孩子也只浇一桶水。

　　小树一天一天长大。开始的时候，那棵小树明显地不如它的哥哥姐姐们壮实，显得有些楚楚可怜。可是第二年夏天，它竟然慢慢地赶上了它们。

　　这一年冬天，母亲做出了一项重大决定，送她这个最小的孩子也去学校读书。而在此之前，她是不想，也没有这个能力让这个孩子去学校读书的。孩子背着母亲用布片为他缝制的书包，高高兴兴上学去了。他一拐一拐地走向学校，可他的脸上却是永远像春天一样明丽灿烂！

　　放了学，除了做作业，孩子就浇那几棵树，一拐一拐地拎了水桶奔走在水塘和树之间。冬去春来，那棵本来已经失去了生存资格的树，比别的树更青春更挺拔。

　　孩子每天都是高高兴兴的。别人送给他一个绰号：阳光。他们都叫他阳光。

　　几十年过去了，拐腿的孩子已经成了一位著名的作家。这一年，他回到了他的家乡，母亲已是满头银发了，儿子归来的消息使她分外高兴，这一天她早早就在门口迎接儿子。和母亲同在门口的还有那几棵树。

　　他是坐着一辆小轿车回来的，但他没有让车子进村。从村头他就下来自己走路，一拐一拐地走向自己的家。

　　远远地他首先看到了家门口的树——那高大的、快有一抱粗的树。他看见了自己的母亲。她依着树。他的心里一热，急急忙忙冲了过去。在那棵他亲手栽种的树下，他把他的母亲搂在怀里。他发现母亲是真的老了，身子轻得像一片树叶。他叫了一声娘，就再也说不出话来。

　　他在老屋里住了半个月，每天都一拐一拐地扶着母亲到门外树下的青石板上坐，陪着母亲说话。有一天说起身边的树，他忽然神秘地说："娘，你知道这棵树为什么比那些长得快吗？这里面，有一个谁也不知道的秘密呢！"

　　母亲望着已到中年的儿子，望着他那一脸的得意，她平静地笑了，她点点头说："其实娘早就知道了。那树长得高长得快，还不是你每天半夜起来喂它一泡童子尿？开始我也纳闷儿，后来有一天半夜我悄悄跟着你，看见你一边喂它一边说小树快快长大吧……孩子，你知道我为什么改变了主意，让你去上学吗？就是因为我看见你天天半夜去偷偷喂那树啊！"

　　他一下子怔住了。许久许久，他突然扑通一声跪了下来，跪在了母亲的面前。他明白了，他终于明白了母亲。母亲的心永远是一颗母亲的心。

　　故事感人至深，一棵树的苗壮成长，也给了小男孩以希望、力量。

　　在葡萄牙流行这样的说法：一个完人一生要做3件事：生一个孩子、写一本书、种一棵树。也曾有人撰文提出"人生四棵树"这样一个美丽的梦想：一个人出生的时候，他的父母为他种一棵树——通过立法赋予这棵树为他的人身权；结婚时，和伴侣联手种一棵树——象征它因爱情而新生并承担生活的责任；他们的孩子出生时，他和妻子一起为孩子种一棵树——这棵树具有孩子的人身权，也体现生命的延续；当他去世时，他的孩子又为他种一棵树——他就埋在树下，他的骨灰将化为枝头的绿叶。这四棵树足以标志一个人的人生旅程。

而在世界上的其他很多地方，也都流传着这样的风俗：每一个婴儿诞生之后，父亲都要为它种一棵树。如果是男婴，就种一株乔木，祝福他像乔木一样顶天立地。如果是个女婴，就种一棵果树，祝福她像果树一样开花结果。所以，你需要种一棵树。

今天，环境问题也日益突出。多种一棵树，便为地球家园添了一笔绿色。

所以，青少年朋友，在一个美好的日子里，为祖国，为自己种一棵树，你的生命将多一种方式。

在报刊上发表一篇文章

人们最高精神的链锁是文学，使无数弱小的心团结而为大心，是文学独具的力量。文学能揭穿黑暗，迎接光明，使人们抛弃卑鄙和浅薄，趋向高尚和精深。

——叶圣陶

青少年朋友，当你的"涂鸦"在报刊上变成铅字时，相信除了快乐、满足、自信，你所收获的还有很多。

1918年，冰心考入协和女子大学预科，全身心地投入时代潮流，被推选为大学学生会文书，并参加了北京女学界联合会宣传股的工作。在爱国学生运动的激荡之下，她于1919年8月的《晨报》上，发表第一篇散文《二十一日听审的感想》和第一篇小说《两个家庭》。后者第一次使用了"冰心"这个笔名。由于作品直接涉及重大的社会问题，很快产生影响。

那么，你读过她的第一首诗吗？

除了宇宙，最可爱的只有孩子。
和他说话不必思索，态度不必矜持。

抬起头来说笑，低下头去弄水。

任你深思也好，微讴也好；驴背上，山门下，偶一回头时，总是活泼的，笑嘻嘻的。

1921 年 6 月，21 岁的冰心在西山写了一篇小散文，投寄到《晨报》副刊去。编辑接到冰心的这则小散文后，感到很有诗味。于是，他自作主张，将这篇署名为《可爱的》的散文拆开，分行排列发表出来了。

后来，冰心先生说："我立意作诗，还是受了《晨报》副刊编者的鼓励。"

可见，一篇小文的发表，对一个人的成长有多大的鼓舞、激励作用。

大家都喜爱"童话大王"郑渊洁吧？

1977 年，郑渊洁开始尝试写诗，并且给很多杂志社投稿，但却总是被退稿。就在要对自己没有信心的时候，喜讯从山西《汾水》杂志社传来，他的一首诗被该杂志录用了。"从此，我对自己又有信心了，巧的是那之后我所有的作品就都发表了。"

放眼古今中外，大作家作品的发表大都坎坷重重。

被誉为"科幻小说之父"的法国著名作家凡尔纳，走上写作这条路也并非一帆风顺，他的第一部小说《气球上的五星期》被 15 家出版社拒绝过。作家很受打击，甚至将手稿扔进火中。要不是他妻子眼疾手快，将稿件从炉火中抢了出来，也许世上就少了一位天才作家了。

以《平凡的世界》、《人生》等作品闻名的、曾获得过第三届茅盾文学奖的路遥，28 岁的时候完成了自己的处女作，投了 28 家刊物都被退了回来。后来，他有点气馁了，抱着最后一丝希望投向了第 29 家刊物，并对别人说，如果还不受理，那就将它付之一炬吧！没想到，这篇小说竟然大获成功，并且获得了当年的"全国最佳短篇小说奖"。从此，路遥也走上了职业作家的道路。

全世界著书量最多的作家是英国的约翰·克里西，他在 40 年的时间里写出了 564 本，总计 4000 多万字。平均每 25 天写成一本书，平均每天要写27000 字。然而，这位世界著名的小说家，却遭到过 743 次退稿。

年轻的时候，约翰·克里西就立志于文学创作。他把写成的稿件，分别投往各个出版社和文学报刊。一天天，一月月，可得到的却是一次次的退稿。每次退稿，信件内总有一张提出稿件意见的退稿单。约翰·克里西将每一张退稿单保存起来，并根据退稿单上的意见修改和写稿。功夫不负有心人，在收到 743 张退稿单后，约翰·克里西的作品终于发表了。

青少年朋友，只要你也有信心、恒心，你也可以把自己的作品向有关报刊投稿，进行大胆的尝试，向社会展示自己的才华和人生价值。

那么，如何写出好文章呢？

1. 多读中外名著，培养更高层次的阅读能力，具备较强的文学驾驭能力。

2. 在阅读过程中，应把优美的描写摘录下来，甚至要把精彩片断背诵在心。日积月累，就是一个大资料库，对写作有很大的帮助。

3. 坚持每天写一篇日记，把自己所见所闻、有意义的事情和感受记下来，既是对自己生活道路的记载，又是对自己人生的反思，对写作、做人都有积极的作用。

4. 及时记取有价值的生活素材，为随时写作做好准备。

另外，一篇下尽工夫的文章，却没有被刊登，你会感到很失望、很不解，可能有这样一些原因：

1. 文章与别人的文章有雷同，或其中的某些段落是抄袭别人的。

2. 投稿不符合录用要求：如属于一般的校园活动新闻，属于学生的习作，属于一般的教案等。

3. 文章比较粗糙，文句、别字、标点运用等问题不少。

4. 文章主题不明确、散乱，或文章虽很流畅，但没有新意，或缺乏个性，缺乏实质性内容等。

5. 未写清楚报社地址、自己的详细资料等。

拍一个短片

梦想始于剧本，而终结于电影。

——乔治·卢卡斯

今天，DV(数码摄像机)使导演、演员变得不再高高在上，或局限于某几个明星。青少年朋友，你也可以拿起 DV，当一回导演兼摄像，让亲朋好友来担任主角！

一位网友说：用 DV 在家乡拍个短片，一直是个梦想！30 分钟以内的，比较温和的，描绘出民风的朴实，景色的秀美；祖祖辈辈都生活在这里，与世无争。在茶馆品着茶，吃着米豆腐，打着川牌。像沈从文笔下的凤凰一样美……

自编、自导、自演，拍下自己在大学期间的生活片断，或干脆拍摄属于自己的电影！近来，高校中出现了DV一族，拍DV成了高校学生课余休闲的一股新潮流。

大四的小林说，她们寝室打算拍摄一部自己的恐怖片，虽然后来因为大家都很忙还没有开拍，但这个念头依然没变。一个刚从浙江旅游回来的复旦计算机系的学生说，快要毕业了，他邀请几个同学一起去浙江玩了两天，他特地用DV记录下毕业旅游途中的点点滴滴留作纪念。

看似简单的10余分钟的短片，要拍得好可不容易。阿秀最开始拍的较多的是校园生活片断，例如，宿舍里的趣事。但当时什么都不会，完全出于自己的喜好和感觉，对于灯光怎么打、制作特效等环节更是一窍不通。拍得多了，她和朋友们就希望可以拍出更专业的DV。于是大家就边拍边学，后来DV一族们还进行了分工，编写剧本、选景、拍摄、灯光、布景、剪辑、做字幕、配音……因短片情节需要，他们时常需要在烈日下、在狂风暴雨中拍摄，尽管很辛苦，但片子成功制做出来的那一刻，大家都特别有满足感。

除了小短片、故事片外，MV、广告片、纪录片、宣传片等均已成为校园DV族尝试的类型，这些DV内容大都是反映当代大学生生活状态、思想状态，以及一些在大学时代值得记忆的事情。

青少年朋友拍短片时，需注意以下几点：

1. 内容事项：要有积极健康的主题立意。内容禁止庸俗、沉闷、枯燥。

2. 要掌握正确而稳定的DV持机方式。掌握了正确而稳定的DV持机方式才能避免镜头的忽上忽下。

最简单的方法是使用三脚架，使机器在各种镜头运动中实现平稳拍摄的目标。要想成为一个DV高手，最好使用手持姿势进行拍摄。使用双手拍摄时，持DV机的手肘应紧靠体侧，将DV举到比自己的胸部略高的位置进行拍摄，而另一只手则要辅助它将DV紧紧托持住，并保持双肩松弛。同时，拍摄者的双腿则应自然分立，脚尖分开。

3. 拍摄影片要有主题和中心，要了解如何取舍取景器中的图像。对初学者来说，要注意保持画面的平衡性和各物体要素之间的内在联系。一个优秀的构图，首先要保持画面简洁而流畅，能够突出所要表现的主题，而避免杂乱繁复的图像以及与主题无关的影像出现在画面中。此外还要掌握仰、俯、摇、转、移等镜头语言拍摄方式，准确有效地表达自己的思想。

4. 准确、完整地呈现自己希望表达的画面质量。DV画面控制主要包括：用光圈和快门控制画面构图和亮度、利用白平衡让色彩更加真实，这些都是摄像最基本的技术要求，通过训练就能实现。

5.掌握后期制作技术。蒙太奇，是指镜头的剪切，它是镜头语言的表达技巧。镜头语言的组织都有赖于后期的动手编辑。通常这也是拍照摄像后真正过瘾的地方。影像艺术的魅力是通过自编自导体现出与众不同、彰显个性和激情的。视频编辑软件分为专业类和消费类，都提供相似的捕捉，编辑和输出功能品。

拜访一位敬慕的名人

高山仰止，景行行止。

——《诗经》

在我们的心目中，都有一位或数位敬慕的名人。高山仰止，景行行之。若他尚在世，我们应带上满怀的真诚、热情和尊敬，去拜访一回。他的人格、学识、智慧魅力，对我们的成长、未来都会大有裨益。

唐朝的张固在《幽闲鼓吹》中记载了这样一个故事：

白居易刚到京城长安时，拿着自己的作品去拜访当时有名的诗人顾况。顾况看白居易还是个半大孩子，心里有点瞧不起他，再加上生性诙谐，他便看着白居易诗稿上的名字哈哈笑说：

"米价方贵，居亦弗易！"

这是拿诗人的名字开玩笑，说长安米贵，白居可不容易呀！言外之意，这京城不好混饭吃。顾况说罢，随手翻阅起白居易的诗稿。谁知看罢第一首，顾况的眼睛瞪大了；看了第二首，顾况十分吃惊；看第三首时，顾况不由诵出声来，当念到"野火烧不尽，春风吹又生"时，大为赞赏，击案叫道：

"道得个语，居亦易矣！"

这是说：能写出这么妙的诗，在京城做官也不算难了！后来，顾况经常向别人谈起白居易的诗才，盛加夸赞。白居易的诗名就传开了。

俄国音乐家柴可夫斯基在第一次见到列夫·托尔斯泰后，激动地写道：

"1886年7月1日，我第一次去见托尔斯泰，心里惶惑不安，觉得十分害怕。我想，他只要瞧我一眼，就会把我心灵深处的秘密看透。在他面前，人绝不可能把自己心底里的邪念藏起来瞒过他。他会像一个医生检查病人的伤口那样,知道哪些部位最敏感。如果他仁慈(他该是仁慈的),便不去触摸这些部位。只用神情表示他什么都知道了;如果他无情呢,他就会用手指头从最痛楚的地方戳进去。总之不管哪种情况,我都觉得可怕——不过他没有这样做。"

"这位最会透视人生的作家跟人相处的时候,显得单纯、直率而诚恳,一点也没有那种我原先害怕的洞察一切的样子,无须提防伤人。因为他压根儿不伤人。很明显,他不是要把我当做'标本'来研究,而是只想跟我谈谈音乐。他对音乐极感兴趣。托尔斯泰坐在我旁边,听我弹奏我的第一部四重奏中的行板,我看见眼泪从他的面颊流下来。在我的一生中,作为一个作曲家,我的奢望也许再也得不到比这更大的满足了。"

奥地利著名作家茨威格曾写过这样一个小故事:当年25岁的茨威格在巴黎从事写作,他总感到自己的作品写得不够好,但又不能断定问题的症结在哪,于是他去拜访罗丹。罗丹把他带到了自己的工作室。一进工作室罗丹罩上了粗布工作衫,好像变成了一个工人,站在一个架台前反复端详自己的一幅近作,这是一个女人的正身像。茨威格想:"这恐怕已经完工了。"可是,罗丹后退一步,审视片刻以后,自言自语地说:"就在这肩上,线条还是太粗。"说着拿起刮刀改动起来。然后,他又把捏好的一小块黏土粘在塑像身上,又刮开一些……最后,当罗丹带着一声舒畅的叹息,扔下了刮刀,把湿布小心翼翼地在蒙在女人正身像上,转身走向房门时,才看见了站在一旁的茨威格,连忙说:"对不起,先生,我完全把你忘记了,可是你知道……"就在这个时刻,茨威格领悟到了他怎样才能把文章写得更好。

由此可见,拜访名人并努力与之交往,对一个人的影响是多么重要!

青少年在拜访敬慕的名人时,需注意以下几点:

1. 拜访名人时,应怀着尊敬之心,言谈举止谦虚严谨。

2. 不卑不亢,切忌奉承。尊敬是有原则、见真情的。如果不顾原则,另有目的,人格沦丧,不知廉耻,就会表现出阿谀奉承来。这表面上似是尊重对方,其实它与尊重是有本质不同的。阿谀奉承,虚情假意,夸大其词,别有用心,只能让名人反感、嫌恶、痛恨。

3. 主动真诚。名人的行为是要与自己身份、地位保持一致的。他们一般不会主动与我们交往,而作为平常人,身份在下,地位比他低,自然要主动积极,充满真诚,先迈出一步,做出友好的姿态,这是尊长敬上的美德,也是交际的惯例。

4. 态度自然,不必拘谨。名人无论地位,还是阅历、学识,都高我们一筹。与他们交往,常令我们肃然起敬,有时我们还因有一种威压感而噤若寒蝉。作为平常人,尤其是未见过世面的青少年,在这种情势下往往显得动作走形,言语嗫嚅,特别别扭、生硬。其实名人也是我们平等的交际对象,与他们交往也是一种自然的交往关系,我们一方面要尊重于彼,另一方面也立足于自己,守住方寸,保持本色,自然而正常地交往,不必拘谨。这反倒能显示自己的交际魅力,会赢得对方的认可和尊重。

5. 求助求教。名人是力量的象征,在他们面前,我们显得很弱小稚嫩。所以要虚心地求助求教。这一则是我们与名人交往所寻求和迫切需要得到的东西,二则作为名人,他也会从中获得施予和扶持之乐,是一种自我价值的实现。求助求教一要尊重名人的愿望,二要适度得宜,不可仰仗、依附于名人。

尽情地哭一次

人们没有哭,便不会有笑。

——培根

人生在世,"伤心总是难免的"。有人说"哭,是女人软弱的象征"、"男儿有泪不轻弹"。此话有偏颇之处。

人都有喜怒哀乐。当悲伤难过时,你会流泪,因为伤感;当你高兴幸福的时候,你也会流泪,因为兴奋,因为激动。眼泪便时时伴随我们的生活,成为生活和谐的催化剂。

人是带着哭声来到这个世界的,这也注定了人生与眼泪关系密切。事实上,眼泪在现实生活中确实发挥着很大的作用。正如培根所说:"人们没有哭,便不会有笑,小孩一生下来便有哭的本领,后来才学会笑,所以一个人不先了解悲哀,便不会了解快乐。"司各特也说:"眼泪是使天堂的种子在人们心田里滋长的甘雨。"

美国明尼苏达大学的科学家经过研究发现:伤心时流下的泪水里含有两种神经传导物质,它们分别与人的紧张情绪和体内痛感的麻痹有关,而泪水能将这些物质排出体外,起到缓和紧张情绪的作用。所以哭是人类疏导宣泄紧张情绪的一个重要阀门。而妇女哭的频度是男人的 5 倍，也无怪乎她们要比男人"坚强"。男女之间在哭泣方面的差别，也可能是导致男女寿命差距的原因之一。长期的压制情绪也必然会影响人体的健康，所以世界各地妇女的平均寿命都比男人要长。

眼泪可以使爱情更加甜美。君不见林黛玉最爱泪雨滂沱，一哭则宝玉方寸大乱，懊恼气极。现实亦如是。生活中磕磕碰碰在所难免，恋人间一方伤心落泪，另一方绝无冰冷不闻、听之任之之理。泪水浇熄心头的怒火，泪水浸软那趋于钢化的灵魂，泪水融会了他与她的灵与肉，从而他们冰释前嫌，从而他们谦怀礼让，从而他们和谐幸福。

眼泪可以增进亲朋间的感情，可以冰释亲朋间的隔阂。若遇久别家人，或久别重逢，人们常常抱头痛哭，这哭声和泪水在尽情地诉说着彼此之间深重的情谊，用泪水代替了过多的言语。

所以，青少年朋友在遇到伤心事时，不妨痛痛快快地哭一场。你可以选择一个僻静的地方，或者对着最亲密的人，尽情地发泄你心中的苦闷。不要害怕别人会笑话你。第一，做人要真。率性而为也是你的本性，为什么要太在乎别人的眼光呢？第二，其实，也不会有人笑话你，当一件伤心事能让一个人号啕大哭时，这本身就让人触目惊心了。第三，你最亲近的人往往最能理解你的心情，他们会用特别宽容的目光来看待你的眼泪。

陈胜乐先生在《人生哭歌》中说：

哭，正是生命意识最强烈的表现。人不仅悲伤时要哭，喜极了，也要哭。虽然一时悲痛欲绝，只要有哭的欲望，就有生的欲望。哭是对生活的热爱和依恋。一旦泪流干了，不哭了，麻木了，才是真正的绝望。相形之下，笑远不及哭能表现生命意识。只有一落地就呱呱大哭的，没听说一落地就哈哈大笑的。喜极了，要哭，哭得心里舒坦。这哭是对生之赞叹；悲极怒极，反而要笑，笑得疯狂，笑得恐怖。这笑是对生之绝望。哭是紧张的释放和兴奋的平息。其极致是心如止水的宁静淡泊。哭比笑好。

哭是一门艺术，非到老年不能参透。人在自己的哭声中坠地，还要在亲人的哭声中入土。家乡一带，每逢丧葬，最动人的就是老婆婆们的"哭丧"了。老爷子先走了，老伴便头缠了白布，由后辈挽着扶着，紧跟着八人抬着的棺材，一步一落泪，有板有眼地哭起来："哎呀——你先走了呀——去享福了呀——留下我一个人呀——"哭声悠扬凄怆，配了尖利的唢呐和低沉的长号，在山林间久久回荡。京剧里的"哭腔"比起这来，简直是儿歌。

男人也哭。不是悲悲切切，不是呼天抢地，而是"长歌当哭"。刘鹗《老残游记》自序把中国艺术说成是"哭泣的艺术"。他说："《离骚》为屈大夫的哭泣；《庄子》为蒙叟的哭泣；《史记》为太史公之哭泣；《草堂诗集》为杜工部之哭泣；李后主以词哭，八大山人以画哭；王实甫寄哭泣于《西厢记》；曹雪芹寄哭泣于《红楼梦》。""王之言曰：'别恨离愁，万肺腑，难陶泄，除纸笔代喉舌，我千种相思向谁说！'曹之言曰：'满纸荒唐言，一把辛酸泪。都云作者痴，谁解其中味！'名其茶曰'千红一窟'，名其酒曰'万艳同杯'者，千红一哭，万艳同悲也。"这似乎触摸到了艺术的灵魂，也点透了哭的本质：哭是武器，孩子用它对付大人，女人用它对付男人，男人则用它对付世界，向命运挑战。哭，是艺术创作的内驱力和原动力。

可见，哭，并非懦弱之举，它同笑一样重要。

青少年朋友，在感到压抑、悲伤、痛苦时，你可以一边流泪，一边高唱刘德华的《男人哭吧不是罪》：

在我年少的时候身边的人说不可以流泪／在我成熟了以后对镜子说我不可以后悔／在一个范围不停地徘徊／心在生命线上不断地轮回／人在日日夜夜撑着面具睡／我心力交瘁／明明流泪的时候却忘了眼睛怎样去流泪／明明后悔的时候却忘了心里怎样去后悔／无形的压力压得我好累／开始觉得呼吸有一点难为／开始慢慢卸下防卫慢慢后悔慢慢流泪／男人哭吧哭吧哭吧不是罪／再强的人也有权利去疲惫／微笑背后若只剩心碎／做人何必那么狼狈／男人哭吧哭吧哭吧不是罪／尝尝阔别已久眼泪的滋味／就算下雨也是一种美／不如好好把握这个机会／痛哭一回／不是罪

想哭时，就尽情地哭一次吧，让所有的忧伤随风而散，然后，重整心情，再一次振作起来。

学会独处

不会独处的，难以进入群体；没有群体支持的，慎防独处的危险！

——潘霍华

青少年朋友，你有过一人静静独处的体验吗？

北宋诗人林和靖一人住在杭州孤山，喜欢种梅养鹤，远避人世，并写得一手好诗文："疏影横斜水清浅，暗香浮动月黄昏"，多么细微而丰富的境界！在昏黄的月光中，在水波微漾的小池畔，独对疏梅，忘却浮世，夜色静谧，心得永恒。

1845 年 7 月，青年梭罗离开喧嚣的城市，搬进了离波士顿不远的瓦尔登湖湖畔的一片森林中。他在这个森林中，亲手盖起了一栋小木屋，并向世人宣告了他个人生活与精神生活的"独立"。

梭罗在小湖边自己开荒种地，每天打猎和伐木。他过着那种近似原始的、极其简朴的生活，以便认真地观察和体会人生的真谛。每天，他都要把自己回归自然以后的观察和体验，以及他的思考、感触写在日记中。

就这样，梭罗在瓦尔登湖畔独自生活了 920 天。而后，他走出森林，重新回到城市。不久，优美、不朽的《瓦尔登湖》面世。

生活是否已成了"忙碌"的代名词？在不断地和时间追逐中，你是否已忘了独处的乐趣？

我们绝对有必要拥有自我独处的时间，以使我们思考、沉淀，让心情平静，感到轻松愉快。

遗憾的是，大多数的人都害怕独自一人，担心和大家一起体验到轻松愉快后，要先面对自我起伏的情绪反应，更担心完全没事时，面对的是完全的自己。

独处，没有人打扰，没有人干涉，独享这份宁静，把一切繁忙琐事全都抛开，只沉浸在自己的世界中，卸去所有的羁绊，不必掩饰，不必约束，不必警惕。

独处时，自己就是自己，或许享受，或许痛楚，总在滋润着生命。

独处，是一种精神的充分自由，是一种心灵的淋漓释放。独处，可以在融洽过去与现在的默契中，看透一种本色，完成一次精神的解脱、心灵的释放、生命的体验。要是不独处，怎能体味疏影横斜的妙境，怎能参透暗香浮动的韵致？

独处，还是一种坦荡，一种沉思。也许你厌倦了尘世的浮华和喧嚣，厌倦了人与人之间的虚伪与狡诈，这时你可以选择独处。独处，为你开辟了一个只有自己存在的空间，单纯的风景，纯净的天地，清新的心情和沉静的思绪。

独处是一种简单而专注的情调。

独处中还可以静观自我。在我们独处的时候，可以沉静地和自己的内心进行对话，从而避免漂浮于尘世，在冷静地剖析自我的基础上升华自己。成熟就是一步一步不断升华的过程。

独处可以是随意的，随时随地都可以进行。不必刻意地去寻找这样的机会，也许你会在寻找的过程中错过一个又一个独处的契机。

独处是美丽的，就好像人生漫漫旅途中的一座心灵驿站。

和自己相处是绝对有必要的，什么事都不做也不用有罪恶感。刚开始情绪确实会起伏不已，但没有关系，让情绪过去（它们总会过去的），接下来你将拥有生命中难得的经验。

独处是需要多练习才能实现的，要学会和孤独、无聊、空虚的感觉对抗。实际上，我们一点都不孤独，我们拥有的比想象中多许多。

这一切，关键就在于我们用什么来充填孤独的空间。在孤独的时间里，最好的事情是进行有关人生境界的静悟、学习和修养。它会使我们的心灵洗去肮脏的尘埃和琐杂的欲念，归于大自然的纯净开朗和沉静轻松。

青少年朋友，独处时，你可以读最爱的书，听最美的音乐，写最想倾诉的话，做最绮丽的梦……

独处，是一种别样人生。

参加一次艰辛劳动

要工作，要勤劳，劳作是最可靠的财富。

——拉·封丹

青少年朋友，你曾流着热汗，参加过一次艰辛的劳动吗？在劳动中，你会收获许多宝贵的人生体验，这些并非是能从书本上学到的。

小秋不理解邻居家的餐桌上为什么总有鱼有肉，而自家十天半个月才能吃上一次肉。

小秋经常习惯性地吮着手指头站在门边看邻居一家吃鱼吃肉，口水从手指缝中流出。邻居常常会夹上一块肉放在他的手心，然后说："回去吧，回去叫你妈也买点肉吃。"有时小秋的几个弟妹也去，搅得邻居很烦。

有一天，小秋终于问妈妈："邻居的餐桌上为什么总有鱼有肉？"他想知道这个谜底。

妈妈没有回答。一个星期天，妈妈问："你今晚想不想吃肉？"小秋说："当然想，做梦都想。"妈妈说："好吧，你跟我走。"

妈妈带小秋到一家建筑工地，她向工头要了一截土方，工头在土方上画了白灰线，并告诉母亲，挖完了线内的土方，给工钱20元。妈妈对小秋说："挖吧，挖完了，今晚就有肉吃了。"

小秋只挖了一会儿，手就发软，且磨起了泡，妈妈比画着说："已得1元了。挖吧，再挖挖又得1元了。"小秋又支撑了一会儿，终于挖不动了。小秋说："妈妈，这太辛苦了，我吃不了这种苦。"妈妈说："歇一下吧，你歇一下再挖。"小秋就这样歇一会儿又挖一会儿，而妈妈总是不停地挖。小秋记得那是初秋，天气仍然很热，妈妈的衣服湿了干，干了又湿，衣服上都能看到盐渍了。这么苦，小秋甚至今晚不想吃肉了。他试探着把话说出去，妈妈说："孩子，不下苦力气，哪得世间钱？"

一天下来，母子俩终于把土方挖完了。妈妈从工头那儿领了20元。这时候，小秋连走路的力气都没有了。

晚上，餐桌上摆上了香喷喷的大鱼大肉，弟妹们吃得香极了。妈妈对小秋说："孩子，我想你知道邻居餐桌上的谜底了吧。"

妈妈又说："这就叫吃苦，孩子，你知道吗?"小秋的心灵为之一震，面对餐桌上的鱼和肉，还有吃得正香的弟妹，他哭了。

那年小秋11岁，他刻骨铭心地记住了邻居餐桌上的谜底和妈妈说的"吃苦"两个字。

小秋的故事告诉我们：一场艰辛的劳动，不仅使身体得到锤炼，就连内心的灵魂也将经历一番洗礼。

古希腊人特别强调劳动作为社会目标的必要性。梭伦指出："那些不劳动的人应该被送上法庭。"还有一位智者指出："不劳动的人就是强盗。"

画家兼诗人马多克斯·布朗的下面这首很有影响的十四行诗，描述了劳动的价值和益处：

劳动！使人的额上挂满了汗滴，
使人的肌肉强壮结实，使人把魔鬼摈弃！
劳动的神秘力量，驱走了穷苦人的邪念，
他们的睡床虽然破烂，饭菜却很新鲜。
没有劳动，邪恶的绳索会牢牢束缚我们，
缺少劳动，挥霍者会在狂欢豪饮中走进济贫院。
缺少劳动，人很快就会落入魔鬼的手掌！
打扮时髦的漂亮姑娘，如果痴迷于一条色彩斑斓的小狗，
最终只会成为一个衣衫褴褛、遭人唾弃的马路天使。
不接受劳动的熏陶，
他们的境况必然凄惨，
或成为沿街乞讨的乞丐，
或成为夜间入室的盗贼……

大诗人歌德在论及古希腊神话中终生服苦役的西西弗斯时曾说："人们通常把我看成是一个最幸运的人，我自己也没有什么可抱怨的，对我这一生所经历的路也并不挑剔。我这一生基本上只是辛苦地工作。我可以说，我活了75岁，没有哪一个月过的是真正舒服的生活。就好像推一块石头上山，石头不停地滚下来又推上去。我的年表将是这番话的清楚说明。"

艰辛的劳动对我们的生命确实是必要的，认清了这一点，我们就能换一种心态去观照审视已经、未经的艰辛，直面苦难、傲对苦难甚至享受苦难。

这个世界上，做梦都想成为名人、富翁的人可谓数不胜数。但很多人谈到成功者总是以"运气"二字以概之，对此，华人首富李嘉诚并不同意。1979年10月29日，当在《时代周刊》说李氏是"天之骄子"的时候，也就是说李氏有今天的成就是因为他得到了幸运之神的眷顾的时候，李嘉诚却在1981年指出："在20岁前，事业上的成功靠双手勤劳换来；20岁至30岁之前，事业已有些小基础，那10年的成功，百分之十靠运气好，百分之九十仍是由勤劳得来；之后，机会的比例也渐渐提高；到现在，运气已差不多要占三至四成了。"

可见，对于一个渴望成功的人来说，勤劳都是必需的。因为只有勤劳，才是成功道路上的通行证。

勤劳是一个人取得成就的重要因素，更是一个人应该具备的重要品质，无法想象，一个从小就好吃懒做的人能创造出一番伟大的事业。

生活中，青少年朋友可尝试以下建议：

1. 积极参加学校组织的各项劳动。如大扫除、修路、种花、种草、种树、为孤寡老人做家务或参加学校劳动基地的劳动等。通过参加集体劳动，锻炼自己的体力与意志，感受劳动的光荣，获得劳动的愉快。

2. 积极参加社会公益劳动。利用寒暑假到工厂、农村去参加一些比较复杂的既费体力又费脑力的劳动。主动接近工人、农民，了解劳动人民，增进与劳动人民的感情，培养自己做人的基本品质和基本能力，做一个勤劳、勤俭又有知识的人。

3. 要有吃苦耐劳的精神。劳动，特别是体力劳动，总要和泥土、灰尘等打交道，还要消耗体力，要流汗，所以必须要有不怕苦、不怕累、不怕脏的思想，只有经过苦、累、脏，才能换来净、乐、福。所以，参加劳动要做到吃苦耐劳，不要出工不出力。

4. 要掌握一定的劳动技能。要重视上好劳动课、劳技课。劳动需要动脑子，不同的活有不同的干法。逐步掌握一些劳动的技能技巧、劳动的程序与操作要领，可提高劳动效率与质量。

时刻为人生充电——树立学习观念

对于聪明人和有素养的人来说,求知欲是随着年龄的增长而变得更加强烈的。

——西塞罗

每天阅读 30 分钟

史鉴使人明智,诗歌使人巧慧,数学使人精细,博物使人深沉,伦理之学使人庄重,逻辑与修辞使人善辩。

——培根

借助书籍,青少年朋友可以从中找出适合自己的成功之路来,因为它是知识的重要载体。

俄国著名的学者赫尔岑说过:"书是和人类一起成长起来的,一切震撼智慧的学说,一切打动心灵的热情都在书里结晶形成;书本中记述了人类生活宏大规模的自由,记述了叫做世界史的宏伟自传。"

书籍蕴含着千百年来人类的智慧与理性,正因为其中的人性之处,才使得一些书所以伟大,所以灿然有光。书籍是一种工具,它能在黑暗的日子鼓励你,使你大胆地走入一个别开生面的境界,使你适应这种境界的需要。

金圣叹说过"天下才子必读书"。读书,是你事业的必由之路,是你走向成功的钥匙。

我们可以发现，有很大一部分成功人士并不一定能受到良好的教育，因为许多人常身处困境。他们之所以能成功，除了有远大的志向、坚强的性格和家庭的影响外，往往在于他们不满足于一时的成功，不安逸于一时的所得，而是时时将心态归零，努力拼搏，不断补充新的知识。

毛泽东说："我一生最大的爱好是读书。"他的一生是革命战斗的一生，同时也是笃志好学、博览群书的一生。

毛泽东常说："读书治学没有什么捷径和不费力的窍门，就是一要珍惜时间，二要勤奋刻苦。饭可以一日不吃，觉可以一日不睡，书不可以一日不读。"毛泽东从少年起，就勤奋好学，酷爱读书，有浓厚的读书兴趣，而且他的读书欲望，随着年龄的增长而愈来愈强烈。

在硝烟纷飞的战场，在困难万端的长征途中，他也没有停止过读书。即使在患病的时候，他还躺在担架上读书。有时竟然一天读上十几个小时，甚至躺在床上量血压时，仍是手不释卷，真是读书成癖。

在社会主义革命和建设时期，毛泽东身负党和国家的重任，日理万机，工作十分繁忙，但他仍利用饭前饭后、节假日、旅途中的间隙，甚至上厕所的片刻时间读书。

美国第26任总统罗斯福，虽然他在白宫日理万机，但他仍然会挤出时间来阅读那成百上千册的书籍。他规定在某一天的整个下午接见来访的人，每位来访者的时间限制在5分钟之内。就在那些接见对象交替的短短的几秒钟内，他都会抓紧时间阅读放在手边的一本书。

罗斯福曾说："我们必须让我们的青年人养成一种阅读好学的习惯，这种习惯是一种宝物，值得双手捧着，看着它，别把它丢掉。"

李嘉诚虽然年岁渐老，但依然精神矍铄，每天要到办公室中工作，从来不曾有半点懈怠。据李嘉诚身边的工作人员称，他对自己业务的每一项细节都非常熟悉，这和他几十年养成的良好的生活工作习惯密切相关。

李嘉诚晚上睡觉前一定要看半小时的书，了解前沿思想理论和科学技术，据他自己称，除了小说，文、史、哲、科技、经济方面的书外，每天他还要学一点东西。这是他几十年保持下来的一个习惯。他回忆说："年轻时我表面谦虚，其实内心很'骄傲'。为什么骄傲？因为当同事们去玩的时候，我在求学问，他们每天保持原状，而我自己的学问日渐增长，可以说是自己一生中最为重要的。现在仅有的一点学问，都是父母去世后，几年相对清闲的时间内每天都坚持学一点东西得来的。因为当时公司的事情比较少，其他同事都爱聚在一起打麻将，而我则是捧着一本《辞海》、一本老师用的课本自修起来。书看完了卖掉再买新书。每天都坚持学一点东西。"

青少年朋友，如果你每天阅读30分钟，你一周可以读半本书，一个月读两本书，一年读大约20本书，一生读1000或超过1000本书。这是一个简单易行的博览群书的办法。

书海无涯，有的书泛读即可，有的书则需要深读。凡是时尚而肤浅的书籍不可深读，更不可多读。凡是伟大而隽永的作品必须多读、深读、精读，还要养成做笔记的习惯，以便随时查阅。

也许你会说："每天有那么多功课要复习，哪里有时间阅读呢？"其实，只要你做好学习安排，每天还是有很多可以利用的时间的。给你一个建议：把要阅读的好书随时带在身边，每天找出30分钟，最好是每天的固定时间，一旦开始阅读，这30分钟里的每一秒都不应该浪费。这样一段时间以后，你会惊奇地发现，不知不觉中，已经阅读了许多好书。

青少年朋友，当喧闹和繁杂把你柔软的心房揉搓得倍感疲惫和麻木时，希望你会如上所说那样去好书中寻找心灵的栖息地。

每天阅读30分钟好书，会让你走进缤纷的思想丛林，感觉到异香弥漫，感悟到人生真理，让你缺钙的思想变得坚强！

南宋文学家尤袤曾说："饥读之以当肉，寒读之以当裘，孤寂而读之以当朋友，幽忧而读之以当金石琴瑟。"腹有诗书气自华，滋润灵魂的精神食粮，永远不嫌多。

有目标有计划地积累知识

学习这件事不在乎有没有人教你，最重要的是自己有没有觉悟和恒心。
——法布尔

青少年朋友，你是否曾立志做一个无所不知的通才？其实，不同的社会有着不同的需求，对人才的知识结构要求也不尽相同。善于根据社会需求而随时调整自己的人，才会常胜不败。

大家都喜爱福尔摩斯吧。他是英国作家柯南道尔笔下的著名侦探。他勇敢机警，具有高超的侦探、分析、推理、判断才能。比如，瞟一眼，他就可以猜出某人的大致经历，关于烟灰，他能够辨识140多种；对各种不同职业人的手形他极为熟悉；就是凭裤管上的几片泥点，也可判断罪犯作案的行迹……

福尔摩斯侦探故事对人的启发之大，就连爱因斯坦在写《物理学的进化》一书时，也忍不住用了它来做全书的开头。他从福尔摩斯的侦破过程，说到科学家寻找自然奥秘的一般方法。

人们都很想知道福尔摩斯为什么能够在错综复杂的疑案中独具慧眼出奇制胜，他究竟掌握了一些什么知识。柯南道尔在《血字的研究》一文中给我们列出了一张有意思的简表：

歇洛克·福尔摩斯的学识范围：

1. 文学知识——无。

2. 哲学知识——无。

3. 天文学知识——无。

4. 政治学知识——浅薄。

5. 植物学知识——不全面，但对于莨蓿剂和鸦片却知之甚详。对毒剂有一般的了解，而对于实用园艺却一无所知。

6. 地质学知识——偏于实用，但也有限。但他一眼就能分辨出不同的土质。他在散步回来后，曾把溅在他裤子上的泥点给我看，并且能根据泥点的颜色和坚实程度说明是在伦敦什么地方溅上的。

7. 化学知识——精深。

8. 解剖学知识——准确，但不系统。

9. 惊险文学——很广博，他似乎对一世纪中发生的一切恐怖事都深知底细。

10. 提琴拉得很好。

11. 善使棍棒，也精于刀剑拳术。

12. 关于英国法律方面，他具有充分实用的知识。

可见，每个人都应有自己的知识结构系统，以实际需要为准。青少年朋友在建立知识结构时应把握以下原则：

1. 合理。客观事物具有普遍联系，遵循这一原则建立知识结构，能将学到的知识迁移，增进理性记忆和应用，触类旁通、举一反三、思路畅通、有所创见。一个人的知识应由具有相关性和规律性的知识组成。这些系统内容上有必然联系的"思维组合体"，是相对安全的。你得对一些已有的知识系统有针对性地加强学习，并在完善知识结构上花一些精力。

2. 随时调整。不同的人在知识结构上也存在差异，而一个人在不同的发展阶段又有不同的知识结构。人们应该针对自己的兴趣和目标自动地、随时地调节知识结构，这是知识结构的动态性特征要求的。

3. 动态。在充实自己的时候，各类知识都应有所发展，不应有所偏废。据统计，人类知识的总量，每隔 5 ~ 7 年便要翻一番，即知识的总体结构始终处于动态的发展之中。与此相对应，个人的知识结构也是处于动态发展中的。

4. 简约。如果知识结构不简约，必定使大脑负担过重，从而妨碍独立思考，不利于创造。大多数科学家都相信，自然界的基本原理是屈指可数的，有效的知识结构应是极简约的，而不是庞杂的。华罗庚说："书要越读越薄。"把书真正读懂了，形成了知识结构，那便简约了。但是简约不代表贫乏，而是"精粹中的简约，简约中的精粹"。

5. 实践。实践不仅是获取知识的一条途径，同时也是一条原则。知识只有与实践相结合，才能发挥出它的效力。

在实际行动中，青少年朋友应做到以下几点：

1. 学会取舍。有句名言说："什么都想知道，结果什么也不知道。"对于自己所接触的知识，要善于鉴别其真正的价值，以便决定取舍。在信息爆炸、知识更新速度不断提高的今天，这一问题显得尤为重要。搜集的资料要经得住时间的考验，要力求在相当长的时间内对自己的工作有所裨益，而不至于在短时期内失去其作为资料存在的意义。

2. 去粗取精。任何名著、佳作都不可能字字闪金光，句句皆良言。一般都会既有其独到的见解，也可能有失之偏颇之处，有些甚至是良莠混杂。积累知识必须善于分析，去粗取精，去伪存真，为我所用，要善于沙里淘金，撷取闪光的思想、观点和方法。

3. 及时摘录。一位著名学者曾告诫青年，一发现有价值的资料就要如获至宝，马上摘录下来。读书看报，随时都可能碰到有用的资料。这时，就要立即做成卡片。有些零星的、散见在报纸杂志上的资料，如果不及时收集，往往如过眼烟云，稍纵即逝。重新查找不仅费时间，而且有的资料往往一时很难再找到。

利用卡片、笔记等方式积累知识，是为了帮助记忆。

4. 广泛占有。马克思为了研究政治经济学，阅读了 1500 多种书籍，甚至连关于农业化学、实用工艺学之类的书都不放过。对资料的统筹兼顾，实际上也是在培养自己的综合能力和预见性。

研究某一具体问题，必须尽可能地占有涉及这一问题的所有资料。只有在大量资料的基础上进行归纳分类、分析、综合，才能有所发现，有所创见。

5. 注意求新。积累知识要尽可能反映最新动态，增加最新的信息。在一定时期内，针对某一问题的研究，不仅要收集前人对这一问题的看法和观点，了解他们探索的足迹，同时更要注意收集同时代人的研究成果，特别是目前的研究进展情况。这就要求我们不仅要在大部头著作上搜寻，更要注意经常阅读各种期刊、评论及文摘。

多去书店和图书馆

读书有时会使人突然明白生活的意义，使他找到自己在生活中的位置。
——高尔基

青少年朋友，无论你身在校园还是正投身社会，多去书店、图书馆，为自己充电，将让你受益一生。

钱钟书先生就是一个绝佳的例子。

考入清华后，他的第一个志愿是"横扫清华图书馆"。他终日泡在图书馆内，博览中西新旧书籍。

他的同学许振德在《水木清华四十年》中回忆钱钟书"图书馆借书之多，课外用功之勤，恐亦乏其匹"。据说，现清华图书馆藏书中画黑线、加评语的部分，多半出于他的手笔。

钱钟书 28 岁破格聘为外文系教授，这在清华园也是绝无仅有的。

1935 年夏，钱钟书到英国牛津大学学习。这里拥有世界著名的专家、学者，尤其是该校拥有世界第一流的图书馆——牛津博德利图书馆。它不仅有规模庞大的中心图书馆，而且在其周围建有几十个专题图书馆。

　　钱钟书在知识的海洋中畅游，尽情阅读文学、哲学、史学、心理学等各方面的书籍，他还阅读了大量的西方现代小说。

　　由于钱钟书的知识面极宽，"牛津大学东方哲学、宗教、艺术丛书"组委会曾聘他为特约编辑。

　　1979 年，钱钟书的辉煌巨著《管锥编》出版，极大地震动了学术界。《围城》《谈艺录》《七缀集》，更使钱钟书大放光彩。

　　法国著名作家西蒙·莱斯曾说："如果把诺贝尔文学奖授予中国作家的话，只有钱钟书才能当之无愧。"还有一位外国记者说："来到中国，我只有两个愿望：一是看看万里长城；二是见见钱钟书。"

　　可见，用好可利用的资源，对一个人的事业将产生多大的影响！

　　据有关资料表明：人类的知识量是以几何级数增长的。如 1750 年知识量为 2 倍，1900 年增加到 4 倍，1950 年增加到 8 倍，1960 年增加到 16 倍。这也就是说由 2 倍增加到 4 倍用了 150 年，由 4 倍增加到 8 信用了 50 年，由 8 倍增加到 16 倍只用了 10 年。从书刊数量的增长来看，速度同样惊人。

　　有人估计：目前世界上有 3000 万种名称不同的书，每年增加约 20 万种图书。

　　知识爆炸的结果便是每个人要学习的东西急剧增多，知识量的急剧增长要求这个时代必定是一个学习的时代，必定会形成一个"学习化"的社会。

　　据估计，在目前的发达国家，一个人进入社会之后，平均要换 4 ~ 5 种工作，这说明，个人都必须进行一次或几次的知识更新和补充，以便更好地胜任社会新角色。仅仅依靠学校所学得的知识已不能在社会上立足。

　　有人做出这样的结论：按一个人工作 45 年计算，他的知识大约只有 20% 是在学校获得的，而其余的 80% 是一生的其他时间获得的。因而，学习化社会中的人们必须重新学习、终身学习。

　　"活到老，学到老"不再是少数人的美德，而是社会对每个成员的普遍要求。

　　青少年在书店或图书馆时，应注意以下几点：

　　1. 带着目的去找书，提高效率。

　　2. 遇到精彩部分，可简略地摘抄下来。

　　3. 在书店中，可参考上榜、推荐图书。

　　4. 在书店、图书馆看书或查找资料，要保持室内安静，不要大声说话，或在座位上交谈，以免影响他人，打断思考者的思路。

　　5. 要遵守阅览规则，不要利用图书馆安静、舒适的条件在这里谈情说爱。

6. 学校和公共图书馆的综合阅览室里读者较多，早来的人不应该给晚来或有可能不来的人占座位。即使阅览室内人很少，也不能利用空座位躺卧休息。

7. 图书是历史的档案，知识的载体，毁坏图书的不道德行为一向受到人们的强烈谴责。一旦发生这种事情，轻则被批评教育，重则需加倍赔偿。如果是珍贵书刊字画，还要依法从严处理。

读万卷书，行万里路

行是知之始，知是行之成。

——陶行知

"读万卷书，行万里路"是我国古人的一种求知模式，也是古人自我修养的重要途径。首先"读万卷书"，获得满腹经纶，再"行万里路"，亲历躬行、参证精思，知识水平、思想、见解就会飞跃到一个较高的层次。

清代钱泳在《履园丛话》中说："'读万卷书，行万里路'，二者不可偏废。每见老书生痴痴纸堆中数十年，而一出书房门，便不知东西南北者比比皆是；然绍兴老幕，白发长随，走遍十八省，而问其山川之形势，道理之远近，风俗之厚薄，物产之生植，而茫然如梦者，亦比比皆是。"

可见，知与行对立志有所作为的人，都不可或缺。今天，青少年很有必要走出学校的小天地，迈入生活、社会的大世界中。

在书本上学习的同时，杰出人物往往会通过"行"来证实自己的所知、所想、所感，在实践中怀疑，然后在实践中否定或者证实自己的怀疑。

司马迁的《史记》被鲁迅先生尊为"史家之绝唱"。他把历史人物和历史事件写得形象生动，很大程度上得益于他 19 岁时的一次全国大游历。游淮阴，他追踪韩信早年的足迹；访齐鲁，他瞻仰孔庙，观察儒家习俗；到彭城，他听取汉高祖刘邦的传说故事；达大梁，他凭吊信陵君"窃符救赵"故事中的著名的夷门……

有了行万里路的亲身实践，使司马迁的历史知识为之增多，使生活经验为之丰富，使眼界为之扩大，使心胸为之开阔，同时也使他接触到广大人民的真实生活，体会到人民的思想情感和愿望。

大诗人李白"五岁诵六甲，十岁观百家"，"十五观奇书，作诗凌相如"。而后又"仗剑去国，辞亲远游"，遨游于山水之中，因而才有了"君不见黄河之水天上来，奔流到海不复回"的大气磅礴，才有了"且放白鹿青崖间，须行即骑访名山"的无尽浪漫，才有了"飞流直下三千尺，疑是银河落九天"的奇妙想象，才有了"举头望明月，低头思故乡"的百结愁肠。

"诗圣"杜甫20岁以前北游齐赵，"会当凌绝顶，一览众山小"引起了无数人对"五岳独尊"的向往。他身历战乱之苦，才有了"感时花溅泪，恨别鸟惊心"的感叹，才有了《三吏》、《三别》这些流传千古的优秀诗篇。

王维亲历大漠，写下了"大漠孤烟直，长河落日圆"的千古名句。

明代地理学家徐霞客，从小刻苦读书，尤其喜欢历史、地理和探险游记类的书籍，他用30多年的时间，游遍了中国的山川五岳，给后人留下了"世间真文字"——《徐霞客游记》。他的游记中有关蝴蝶会的记载，若不亲眼看见并记下来，我们又怎会知道天下有这一奇观？

为了完成《本草纲目》的著述，李时珍远出旅行考察，上山采药和拜访有实际经验的人。

他历尽千难万险，中草药药材丰富的崇山峻岭，都留下过他的足迹。白天深山采药，晚上对每一棵药草，从产地、栽培到苗、茎、叶、根、花、果以及形态、气味、功能等进行非常深入、细致的研究。

李时珍辛勤劳动了19年，记下了数百万字的笔记，经过几十遍的反复修改，终于在60岁时完成了他的巨著《本草纲目》。全书分为16部62卷，共载药物892种，附方11096个，并附图1160幅，价值极高。

在自然世界中的实地探求，让李时珍名副其实地成为医药领域的杰出人士。

丹麦童话大师安徒生说过："旅行就是生活。"1831年，安徒生开始了他第一次国外漫游。他携着一把雨伞、一根手杖和简单的行囊访问了欧洲的所有国家，先后完成了《阿马格岛漫游记》、《幻想》、《旅行剪影》等作品。

大量的典型事例说明：青少年要尽快地长大、成熟，开阔视野，成就一番事业，"读万卷书，行万里路"是极有促进作用的。

据报载，从10岁开始，北京女孩马宇歌就只身万里，走天下。短短几年里，她独访大西北，勇闯青藏高原，走遍了除台、港、澳以外中国各省市自治区。

她说："在小学四年级的时候，那年我10岁。当时放暑假，爸爸的一个南京朋友邀请我过去做客，由于父母上班没时间陪我一同前往，经过他们同意，我只身去了南京。在江南，我结交了许多好朋友，后来又去了江北的南通、永东、淮南、淮北、徐州等地。这次出游让我受益匪浅，我学到了很多东西。

从此，我就决定每个寒暑假都要在爸爸妈妈的赞同支持下，带着书本独自远游。

在一次次的出游中，独立处世、交往沟通……都得到了很好的锻炼，而且我还长了见识，了解了各地的风俗文化，同时也结交了全国各地好多朋友。许多东西是在家、在课堂上根本学不来的……"

马宇歌的故事为青少年朋友提供了很好的借鉴之处。

下面有一些建议，立志"行万里路"的青少年朋友可做参考：

1. 趁假期去一次农村、山区体验生活。

2. 邀几个志同道合的伙伴，做一回短期旅行。

3. 旅途中及时记下所见所闻，拍摄一些资料也很有用。

4. 了解相关知识，提高自我保护意识。

5. 随时与亲友联系，以免出现意外。